人邮教育 职业院校**新形态**
通识教育系列教材

U0742600

人工智能 基础与应用

AIGC版 | 慕课版

主 编◎侯晓方 何 瑛

副主编◎冯晓赛 何振琦 高海英

姚锋刚 韦炎希 谢博博

人民邮电出版社

北 京

图书在版编目（CIP）数据

人工智能基础与应用：AIGC版：慕课版 / 侯晓方，
何瑛主编. -- 北京 ：人民邮电出版社，2025. --（职业
院校新形态通识教育系列教材）. -- ISBN 978-7-115
-66510-2

Ⅰ. TP18

中国国家版本馆 CIP 数据核字第 2025RK7875 号

内 容 提 要

本书系统地介绍了人工智能基础与应用的相关知识，包括认识人工智能、人工智能与算法、人工
智能的支撑技术、人工智能的主要分支、人工智能与行业、人工智能与生活、认识AIGC，以及AIGC
的应用等内容。

本书内容丰富、结构新颖、条理清晰，按照项目任务的形式全面介绍人工智能的内容，每个项目
由多个任务组成，每个任务先进行任务描述和相关知识介绍，然后通过任务实施加强读者的理解能力
和实践能力。

本书可作为高等院校、高等职业院校通识课程的人工智能课程教学用书，也可作为社会人士学习
人工智能入门知识的参考书。

◆ 主　　编　侯晓方　何　瑛

　　副主编　冯晓赛　何振琦　高海英　姚锋刚　韦炎希　谢博博

　　责任编辑　侯潇雨

　　责任印制　王　郁　彭志环

◆ 人民邮电出版社出版发行　　北京市丰台区成寿寺路 11 号

　　邮编　100164　　电子邮件　315@ptpress.com.cn

　　网址　https://www.ptpress.com.cn

　　北京鑫丰华彩印有限公司印刷

◆ 开本：787×1092　1/16

　　印张：12.5　　　　　　　　　2025 年 1 月第 1 版

　　字数：229 千字　　　　　　　2025 年 1 月北京第 1 次印刷

定价：49.80 元

读者服务热线：(010)81055256　印装质量热线：(010)81055316
反盗版热线：(010)81055315

前言

随着新一轮科技革命和产业变革的深入发展，人工智能已成为驱动新质生产力的重要引擎。人工智能是引领这一轮科技革命和产业变革的战略性技术，具有溢出带动性很强的"头雁"效应。加快发展新一代人工智能是我们赢得全球科技竞争主动权的重要战略抓手。

2024年《政府工作报告》提出："深化大数据、人工智能等研发应用，开展'人工智能+'行动，打造具有国际竞争力的数字产业集群。实施制造业数字化转型行动，加快工业互联网规模化应用，推进服务业数字化，建设智慧城市、数字乡村。"

人工智能，这个可以像人类一样进行思考的非生命体，无疑是全球舞台上耀眼的明星之一，搬运物品、翻译手语、帮助无法说话的人重获声音，它一直都在为人们制造意想不到的惊喜。今天，人工智能的应用与普及已经是大势所趋，人们的日常生活以及各行各业中都能看到人工智能的身影。

为了让读者更好地认识人工智能、理解人工智能，并培养对人工智能的研究与探索兴趣，我们组织编写了本书，旨在带领读者在人工智能的世界中感受人工智能的强大，为今后从事人工智能相关工作打下基础。

本书特色

本书作为人工智能领域的基础教程，旨在为读者提供一个全面、系统且深入的学习路径。不同于晦涩难懂的人工智能技术教材，本书的特色如下。

落实立德树人，重视素质培养。本书全面落实党的二十大精神，贯彻实施科教兴国战略、人才强国战略、创新驱动发展战略，以社会主义核心价值观为引领，秉承立德树人的教学理念，培养德智体美劳全面发展的社会主义建设者和接班人。本书编写以能力和素质培养为核心，以"重基础与技能，育能力与创新"为原则，融入家国情怀、工匠精神和职业素养等，构建全面育人体系。

创新分篇设计，内容系统、全面。 本书创新性地采用分篇形式：第一基础篇，介绍人工智能的基础知识；第二应用篇，重点面向院校开课专业，基于不同专业人工智能的不同应用，讲解人工智能应用；第三AIGC探索篇，基于人工智能领域最火的应用层面，介绍AIGC的具体操作方法。本书从人工智能的基本概念、发展历程、关键要素入手，逐步深入介绍人工智能的算法、支撑技术、主要分支及行业应用等多个层面。这种由浅入深的编排方式，既适合初学者构建扎实的基础知识体系，也便于进阶者快速掌握前沿技术和应用趋势。

面向新专业标准，把握前沿动态。 本书精准把握《职业教育专业目录（2021年）》《职业教育专业简介（2022年修订）》中多专业开设人工智能课程的需求，并融入人工智能前沿动态，如DeepSeek、量子计算、数字人等。本书不仅关注人工智能技术本身，还深入探讨其在教育、医疗、金融、交通、制造等多个行业的应用场景和案例。通过学习这些行业应用，不同专业学生可以更加明确人工智能技术在推动社会进步和产业升级方面的巨大潜力。

强调拓展性，配套丰富资源。 本书在内容编排上设置了项目实训、前沿拓展、思考练习等多个板块，为读者提供更多学习和探索的空间。同时，本书还配备了"AI智慧讲堂""AI思考角""素养天地""知识拓展"等栏目，帮助读者提升知识水平和技术素养。为了便于开展教学活动，本书配备有丰富的教学资源，包括精美PPT、教学大纲、教学教案、题库练习软件（可生成试卷）、视频等，用书老师可以登录人邮教育社区（www.ryjiaoyu.com），通过搜索本书书名进行下载。

编写组织

本书从产教融合理念出发，组建校企"双元"团队。本书由西安航空职业技术学院侯晓方教授与何瑛副教授主编，基于校内人工智能团队多年实践教学经验，整合校内外人工智能领域优质师资，深度把握技术技能人才培养规律；副主编团队由资深一线教师、企业高级工程师及多名人工智能相关专业博士组成，具备多元复合优势。本书编写团队成员深耕人工智能学科建设，推动产教融合课程体系创新。北京新大陆时代科技有限公司和商汤科技为本书提供了相关案例和技术支持。

由于编者水平有限，书中难免存在不足之处，敬请广大读者批评指正。

编者

2025年1月

【应用篇】

05

06

基础篇

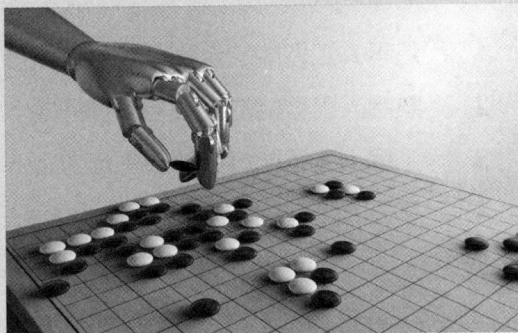

01

项目一　认识人工智能

　　从大数据、云计算到深度学习，从无人驾驶汽车到围棋冠军李世石被人工智能程序AlphaGo击败，从被称为人工智能爆发元年的2016年直至今天，人工智能一步步摆脱"科幻"的外衣，真实地展现在我们眼前。

　　那么，人工智能是什么？发展到什么程度？它对我们有什么影响？人工智能真的比人更聪明吗？我们在未来是否会被它取代？人工智能会将人类的智能拓展到什么边界？带着这些问题，让我们一起进入人工智能的世界，探索人工智能的奥秘吧！

Fundamentals and Applications of Artificial Intelligence

—— 学习目标

1 熟悉人工智能的定义、发展、流派以及关键要素。

2 熟悉人工智能的安全与伦理问题。

3 了解人工智能赋能新质生产力。

4 掌握人工智能的应用领域、法律法规和未来展望。

—— 能力目标

1 深入了解和体验人工智能的应用。

2 通过探索人工智能，进一步认识人工智能的优势。

—— 素养目标

1 认识到人工智能的发展与环境、社会和人类的关系，树立可持续发展观念。

2 意识到人工智能的发展需要跨学科、跨领域的合作，积极倡导合作精神。

—— 思维导图

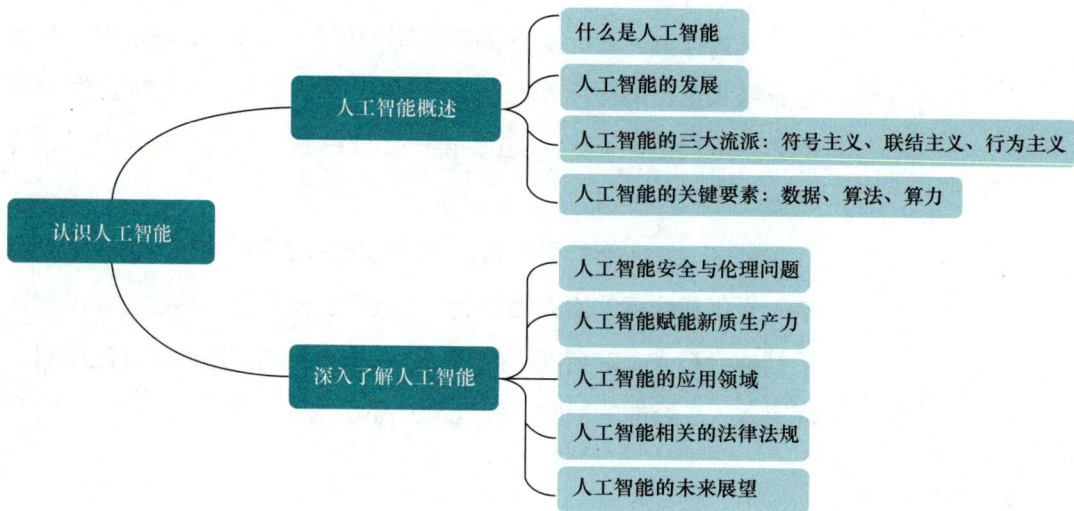

任务一　人工智能概述

任务描述

2024年，诺贝尔物理学奖和化学奖都授予与人工智能紧密相关的研究成果，这一现象不仅揭示了人工智能的迅猛发展态势，更证实了人工智能举足轻重。为了更好地认识人工智能，理解人工智能，本任务将了解和探索人工智能，体验人工智能平台的使用方法。

知识拓展

2024年诺贝尔奖与人工智能

相关知识

一、什么是人工智能

人工智能（Artificial Intelligence，AI）这一概念在1956年美国达特茅斯学院（Dartmouth College）的一次研讨会上被首次提出，提出者为美国计算机科学家约翰·麦卡锡（John McCarthy）等人，他们将人工智能定义为"拥有模拟能够被精确描述的学习特征或智能特征的能力的机器"。这个定义将人工智能描述为一类具有高级模拟能力的机器，这类机器能够复制或模拟人类的学习特征或智能特征，并且这些特征都是可以被精确描述和界定的。

以智能扫地机器人为例，它会对房间的布局进行扫描和记忆，会记住哪里有家具、哪里有障碍物。经过几次清扫后，智能扫地机器人不仅能够避开这些障碍物，还能找到最高效的清扫路径，这就是人工智能能够复制或模拟人类的学习特征或智能特征的典型表现。图1-1所示为某款智能扫地机器人。

▲ 图1-1　智能扫地机器人

人工智能领域的开创者之一尼尔斯·约翰·尼尔森（Nils John Nilsson）教授认为，人工智能是一门关于如何表达知识、获取知识和使用科学知识的学科；麻省理工学院教授帕特里克·温斯顿（Patrick Winston）则认为人工智能是研究如何使计算机做过去只有人才能做的智能工作；国际标准化组织与国际电工委员会建立的第一个联合技术委员会——信息技术委员会（ISO/IEC JTC 1）在其发布的标准中将人工智能定义为："由计算机系统展示出的人类认知功能，包括但不限于学习、推理、感知、适应、交流、创造等。"中国科学院张钹院士则认为人工智能是用机器模仿人的智能行为。

综合以上内容，我们可以认为：人工智能是一门研究、开发用于模拟、延伸和扩展人的智能的理论、方法、技术及应用系统的新技术科学。它旨在通过计算机系统和算法，使机器能够执行通常需要人类智慧才能完成的任务，包括学习、推理、感知、理解和创造等活动。例如，当你坐在一辆自动驾驶的汽车里，汽车能够自动感知周围环境，识别道路、行人、其他车辆等障碍物，并做出决策，如转弯、加速、减速或停车。这就像给汽车安装了一个"智慧大脑"，它能够通过学习和适应，逐步提高自己的驾驶能力，从而无须人类驾驶员的干预就能安全行驶。

二、人工智能的发展

人工智能从诞生到现在，经历了萌芽期、探索期、成长期和爆发期。目前，人工智能正在快速发展，与人工智能相关的各个领域都展现出蓬勃的生命力。

1. 萌芽期

1950 年，著名的图灵测试诞生，该测试由英国数学家、逻辑学家和计算机科学的先驱，有"人工智能之父"之称的艾伦·麦席森·图灵（Alan Mathison Turing）提出。图灵测试的目的是判断机器是否能够展现出与人类相似的智能，按照艾伦·麦席森·图灵的设想，如果一台机器能够与人类展开对话而不能被辨别出其机器身份，那么这台机器便是智能的。

图灵测试的基本形式如下。测试员与两个交流对象进行交流，一个是真正的人类，另一个是机器。测试员通过打字的方式向两个对象随意提问，但他不知道哪个是真人，哪个是机器，真人和机器会根据测试员的提问进行回答，如图 1-2 所示。如果测试员无法区分出哪个是真人，哪个是机器，那么这台机器就通过了图灵测试，表示这台机器具备一定的智能。

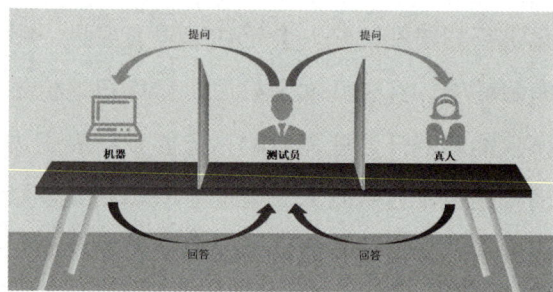

▲ 图1-2　图灵测试

通过图灵测试的一般标准为：在一定时间内（如 5 分钟），机器需要回答由人类测试员提出的一系列问题，如果机器回答的问题超过 30% 被测试员认为是人类的回答，那么机器就通过了图灵测试。也有一种说法是：如果超过 30% 的回答让测试员无法分辨出是机器还是人类，则认为机器通过了图灵测试。

1956年，美国达特茅斯学院举行了第一次人工智能研讨会，约翰·麦卡锡、马文·明斯基（Marvin Minsky）、艾伦·纽厄尔（Allen Newell）、赫伯特·西蒙（Herbert Simon）等科学家共同探讨了如何使机器实现智能的行为，并首次提出了"人工智能"这一概念。这次研讨会不仅标志着人工智能作为一个独立学科的诞生，也奠定了未来几十年人工智能研究的基础。

1959年，美国人乔治·德沃尔（George Devol）设计了世界上第一台可编程的工业机器人，这标志着现代工业机器人技术的诞生。这款机器人被命名为"Unimate"，意为"万能自动"，它采用模块化设计，可以根据不同的工作需求更换不同的工具。Unimate的成功应用使得许多工厂实现了生产过程的自动化，提高了生产效率，降低了劳动成本，也为后来的机器人技术发展奠定了基础，促进了整个行业的繁荣。

2. 探索期

1966年，麻省理工学院的约瑟夫·魏泽鲍姆（Joseph Weizenbaum）发布了世界上第一个聊天机器人ELIZA。ELIZA的智能之处在于它能通过脚本理解简单的自然语言，并能产生类似人类的互动，它的问世不仅是人工智能历史上的一个重要里程碑，也是计算机科学和心理学交叉领域的一个创新点。

1966年至1972年，美国斯坦福国际研究所（SRI International）研制出机器人Shakey。Shakey装备了电视摄像机、三角测距仪、碰撞传感器及一个多关节机械臂，如图1-3所示。它能够在没有外部控制的情况下，通过无线连接接收指令，并利用内置的人工智能算法解析周围环境，做出决策并执行任务。Shakey是首台采用人工智能技术的移动机器人，它的问世标志着自主机器人研究的开始。

▲ 图1-3 机器人Shakey

20世纪70年代初，受限于内存容量和处理速度，计算机无法有效解决复杂的人工智能问题。人工智能的研究进展缓慢，未能实现预期的突破。

1981年，日本大力研发人工智能计算机，目标是开发出能够模拟人类智能行为的高性能计算机系统。日本的这一举措使得英国和美国等国家认识到人工智能技术对于未来科技发展的重要性，它们也开始向人工智能领域投入大量资金进行探索和研发。各国加强了国际合作，这加速了人工智能的技术革新。

1984年，美国人道格拉斯·莱纳特（Douglas Lenat）带领其团队开发Cyc项目，该项目的目标是构建一个庞大的常识知识库，使人工智能的应用能够以类似人类推理的方式工作。随着时间的推移，Cyc项目逐渐演变成一个开放的研究平台，吸引了全球众多研究者和开发者参与其中。这不仅为人工智能研究提供了重要的资源，还促进了知识表示、自然语言处理和机器学习等领域的发展。

3. 成长期

1997年，IBM公司的计算机"深蓝"（Deep Blue）在一场历史性的对决中战胜了国际象棋世界冠军加里·卡斯帕罗夫（Garry Kasparov），成为首个在标准比赛时限内击败国际象棋世界冠军的计算机系统。这一事件是人工智能领域的一个重大突破，它不仅标志着人工智能在复杂智力游戏中的新高度，也为后续在更多领域中应用人工智能技术奠定了基础。

知识拓展

"深蓝"的能力

2011年，Watson（沃森）作为IBM公司开发的使用自然语言回答问题的人工智能程序，在美国著名智力问答节目《Jeopardy!》中亮相。它不仅成功打败了两位人类冠军，还赢得了100万美元的奖金。这一事件标志着人工智能在理解和处理自然语言方面取得了重大突破，也展示了机器学习和大数据技术的强大潜力。

2012年，加拿大神经学家团队创造了一个具备简单认知能力、有250万个模拟"神经元"的虚拟大脑，命名为"Spaun"。这个虚拟大脑不仅能够模拟人类大脑的某些基本功能，还通过了最基本的智商测试。这一成就标志着人工智能和神经科学领域的重大突破，展示了模拟复杂生物神经网络的潜力。

2015年，Google公司的团队研发出利用大量数据就能训练计算机完成任务的第二代机器学习平台Tensor Flow，这一举措使得更多的研究者和开发者能够轻松地使用人工智能的深度学习技术进行创新。同年，剑桥大学建立了人工智能研究所，该研究所汇集了一批世界顶尖的科学家和工程师，他们在机器学习、自然语言处理、计算机视觉等多个方向进行深入研究，并取得了一系列重要成果。这些事件不仅加速了人工智能技术的发展，也为解决现实世界中的复杂问题提供了新的可能。

2016年，Google公司开发的人工智能AlphaGo与围棋世界冠军李世石进行了举世瞩目的人机大战，最终李世石与AlphaGo总比分定格在1∶4，这一结果证明了人工智能在解决复杂问题上的巨大潜力，展示了人工智能在模式识别、决策制定和问题解决方面的强大能力，同时也引发了关于人工智能伦理、影响和未来发展的广泛讨论。

4. 爆发期

2020年，人工智能领域迎来了一个里程碑式的突破，即GPT-3语言模型的发布。这一事件标志着人工智能技术在语言理解和生成方面取得了长足的进步。GPT-3由OpenAI公司开发，是基于Transformer架构的一种自然语言处理预训练模型，它是当时最大、最先进的预训练语言模型之一。

2021 年，OpenAI 公司发布了 DALL·E，这是一种能够根据文本描述生成图像的人工智能技术。这项技术展示了人工智能在创意方面的巨大潜力，其推出引发了艺术领域和科技领域的广泛关注。

2023 年，随着生成式预训练变换器（GPT）模型的进步，聊天机器人变得更加智能。这些机器人能够执行更复杂的任务，如撰写文章、编写代码，甚至创作音乐等。

2024 年，首部与人工智能相关的文件——《人工智能法案》由欧盟制定并生效，其主要内容为：通过采取风险分级监管的方式，为人工智能系统的开发、市场投放和使用制定统一规则，明确禁止某些有害的人工智能实践，并要求高风险人工智能系统的提供者确保系统的安全性、透明度和可追溯性，同时设立相关机构进行监管和执行，旨在保护个人和社会的基本权利，并推动值得信赖的人工智能的普及和发展。

目前，人工智能仍在飞速发展，从自然语言处理的突破到高级认知任务的进步，人工智能不断刷新着人类的认知边界，并在教育、医疗、金融等多个领域展现出巨大的应用潜力和价值。

🔍 AI 思考角

你是否认为人工智能的不断发展会影响人类的生活方式？如果是，你认为会产生哪些影响？

三、人工智能的三大流派

人工智能的三大流派分别是符号主义、联结主义和行为主义，不同的流派从不同的角度和假设出发，探索人工智能的本质和实现方式，这种多样性促进了理论的交叉和融合，为理论创新提供了可能。同时，各个流派之间的竞争和合作也推动了整个领域的发展，使得人工智能的理论体系更加丰富和完善。

1. 符号主义

符号主义是一种基于逻辑推理的智能模拟方法，又称为逻辑主义、心理学派或计算机学派。符号主义认为，人类认知和思维的基本单元是符号，而认知过程是在符号表示上的一种运算。该流派主张人工智能是一个物理符号系统，计算机也是一个物理符号系统，因此能够用计算机模拟人的智能行为，即用计算机的符号操作模拟人的认知过程。

符号主义起源于 20 世纪 50 年代，是人工智能领域最早的流派之一。1957 年，艾伦·

纽厄尔和赫伯特·西蒙等人开发了"逻辑理论家"（Logic Theorist，LT）数学定理证明程序，该程序证明了 38 个数学定理，表明了可以应用计算机研究人的思维过程，模拟人类智能活动。此外，符号主义还发展了启发式算法、专家系统、知识工程理论与技术。其中，专家系统是符号主义的重要应用之一，它通过预设规则库模拟专家决策过程，在医学诊断、化学分析等领域取得了显著成果。

符号主义曾长期在人工智能领域中占据主导地位，其思想和方法对人工智能的发展产生了深远影响。它推动了人工智能在自然语言处理、专家系统、知识表示与推理等领域的研究和应用。然而，随着计算能力的提升和复杂问题的涌现，符号主义逐渐暴露出其在扩展性和灵活性等方面的不足。因此，在人工智能的其他学派出现之后，符号主义虽然仍然是主流派别之一，但需要与其他学派进行融合和创新。

2. 联结主义

联结主义也叫连接主义，是人工智能领域的一个重要流派，其理论基础主要来源于神经网络和认知科学，强调通过模拟人脑神经元的联结方式实现智能，它的核心在于从大量数据中学习并优化网络连接以实现智能行为。

联结主义的理论基础可以追溯到 20 世纪初期美国心理学家爱德华·李·桑代克（Edward Lee Thorndike）的动物实验研究，他观察到学习过程中的联结现象，并试图用这一理论解释学习过程。20 世纪 50 至 60 年代，神经网络的研究经历了初步的发展，但由于计算能力和数据资源的限制，进展相对缓慢。20 世纪 80 年代，随着计算能力的提升和大数据的出现，神经网络重新获得关注。特别是 1986 年，大卫·鲁梅尔哈特（David Rumelhart）等人提出了多层网络中的反向传播（BP）算法，使得神经网络的训练变得更为有效。

联结主义在语音识别、图像识别等领域取得了显著的成果，生成式人工智能技术的发展主要运用了符号主义和联结主义的思想与方法。

3. 行为主义

行为主义又称进化主义，最初是心理学的一个流派，它强调对行为的客观研究和环境对行为的影响。在人工智能领域，行为主义专注于让机器通过与环境交互学习和改进其行为，认为智能行为可以通过对环境的刺激和反应进行模拟和实现。

行为主义的思想可以追溯到早期的人工智能研究，在人工智能发展的早期阶段，行为主义学者设计了各种基于规则和传感器的机器人系统，这些系统能够感知环境并做出相应的反应。随着人工智能的不断发展，行为主义也面临一些挑战。例如，如何使机器人在复杂环境中进行更高级的学习和决策，如何更好地结合其他人工智能流派的方法提升系统的整体性能。

行为主义流派通过模拟生物体的行为模式实现人工智能，这一流派在机器人控制、自动驾驶等领域有着广泛的应用，并且随着技术的进步，其应用领域还在不断扩大。但受到深度学习和强化学习等技术发展的影响，行为主义也在一定程度上受到挑战。传统的行为主义强调通过试错学习和与环境的交互来优化行为策略，而深度学习和强化学习则可以通过构建深度神经网络模型自动学习复杂的行为策略。

> **AI智慧讲堂**
>
> 符号主义的关键词主要包括"符号推理""机器推理"，主张从功能方面模拟、延伸、扩展人的智能；联结主义的关键词包括"神经元网络""深度学习"，主张从结构方面模拟、延伸、扩展人的智能；行为主义的关键词包括"控制""自适应""进化计算"，主张从行为方面模拟、延伸、扩展人的智能。

四、人工智能的关键要素

人工智能的关键要素是指那些对于构建、运行和优化人工智能系统至关重要，直接影响其性能和效果的因素。这些要素共同构成了人工智能技术的核心，决定了人工智能在实际应用中的表现和潜力。

总体来说，人工智能的关键要素较多，不同的应用领域有着不同的决定因素，这里主要介绍其中的三大要素，即数据、算法和算力。数据是人工智能发展的基石，算法是实现人工智能的根本途径，算力则为人工智能提供基本的计算能力支撑。以烹饪为例，数据就像是食材，它是构建人工智能系统的原材料，没有高质量的食材，就无法制作出美味的佳肴；算法就像是菜谱，它指导了如何处理食材，将其转化为美味的佳肴；算力就像是厨师，它具备烹饪的技能和工具，能够将食材和菜谱转化为美味的佳肴。人工智能三大要素的关系示例如图1-4所示。

数据　　　　算法　　　　算力　　　　人工智能

▲ 图1-4　人工智能三大要素的关系示例

1. 数据

在人工智能领域，数据被视为训练的"燃料"。无论是机器学习还是深度学习，都需要大量的数据训练模型，使其能够识别模式、做出预测或进行决策。没有足够的数据，人工智能系统就无法有效地学习和优化。

高质量和多样性的数据对于人工智能的发展至关重要。高质量的数据意味着数据准确、完整且没有噪声（即数据中存在的错误值或异常值），这有助于模型学习到更准确的特征和信息。多样性的数据则能够覆盖更多的场景和情况，提升模型的泛化能力（即对新样本的适应能力）。

数据在人工智能中扮演着至关重要的角色，它是人工智能发展的基础。我们在构建和优化人工智能系统时，需要充分考虑数据的重要性，并采取相应的措施确保数据的质量、安全和有效利用。

素养天地 随着数据的广泛应用，数据隐私和安全问题越来越受重视。人工智能系统处理的数据往往容易涉及用户的个人信息和敏感数据。因此，保护数据的隐私和确保数据的安全是人工智能发展的一项重要任务。在数据应用和共享中，需要合理规范数据使用和保护机制，确保数据被正当使用。

2. 算法

算法是人工智能的"大脑"，它决定了人工智能如何处理和解析数据。没有先进的算法，就无法实现复杂的任务，如图像识别、自然语言处理或决策支持。这些任务需要算法处理和分析大量的数据，从中提取有用的信息，并做出准确的预测或决策。

算法的创新和优化是推动人工智能技术进步的关键。随着研究的深入和技术的不断发展，越来越多的新算法被提出并应用到实际中，这些新算法在性能上往往优于传统的算法，能够处理更加复杂和抽象的任务。通过优化算法，可以显著提高人工智能产品的性能和用户体验。例如，在图像识别领域，通过改进算法可以提高识别的准确性和速度；在自然语言处理领域，通过优化算法可以提升对话系统的流畅性和理解能力。

3. 算力

算力即计算能力，是人工智能的"动力源泉"。它是支撑数据处理和算法运行的基础设施，是实现高效、准确的人工智能项目的物质基础。

随着半导体技术的不断进步，计算机系统的处理器性能不断提升，这为人工智能算力的发展提供了坚实的硬件基础。同时，新型硬件设备，如量子计算机、新型存储器等不断涌现，这有望进一步提升人工智能的算力。

除了硬件方面的提升外，软件层面的优化也是提升算力的重要途径。例如，通过优化算法减少计算量、采用高效的软件框架等，均可以提升人工智能的算力。

随着人工智能技术的广泛应用和深入发展，其对算力的需求也在持续增长。这既为算力的发展提供了动力，也带来了挑战。如何满足日益增长的算力需求，同时保持成本效益和资源利用效率，是当前人工智能领域面临的重要问题。

🔍AI思考角

中国科学院张钹院士认为，人工智能的关键要素包括知识、数据、算法和算力。他认为，知识是人工智能系统理解和处理复杂问题的基础。从张钹院士的角度出发，我们应当如何认识"知识"这个人工智能要素？

任务实施

任务实施1 判断属于人工智能应用的情况

本任务将罗列一些日常生活中常见的情况，请大家根据自己对人工智能的理解，判断哪些情况属于人工智能的应用，哪些情况不属于人工智能的应用，说明理由，并将相关内容填写到表1-1中。

表1-1 各类情况汇总表

情况	是否属于人工智能的应用	理由
手机自动调整屏幕亮度		
洗衣机根据衣物重量选择水位		
语音助手识别并执行语音指令		
闹钟在指定时间自动响铃		
自动驾驶汽车识别行人并减速		
电梯根据楼层按钮选择升降方向		
机器人根据指令完成特定任务		
天气预报根据气象数据预测天气		

任务实施2　体验百度AI开放平台

为了让大家对人工智能有更加直观和深入的印象，下面在百度AI开放平台中使用其智能的图像识别与图像处理功能，识别出图像中的动物并提高图像的清晰度，具体操作如下。

（1）登录百度AI开放平台官方网站，将鼠标指针移至页面上方的"开放能力"选项上，在打开的下拉列表中将鼠标指针移至左侧的"图像技术"选项上，在打开的子列表中选择"动物识别"选项，如图1-5所示。

（2）在打开的页面中向下滚动鼠标滚轮，单击"功能体验"区域下方的 本地上传 按钮，如图1-6所示。

▲ 图1-5　选择"动物识别"选项

▲ 图1-6　单击"本地上传"按钮

（3）打开"打开"对话框，选择"小狗.jpg"素材图像（配套资源：\素材文件\项目一\小狗.jpg），如图1-7所示。

（4）平台将对图像中的动物进行识别，稍后便会显示识别结果，如图1-8所示。经过百度AI识别后，认为图像中的动物是威尔士柯基的可能性为99.9%（即0.999）。

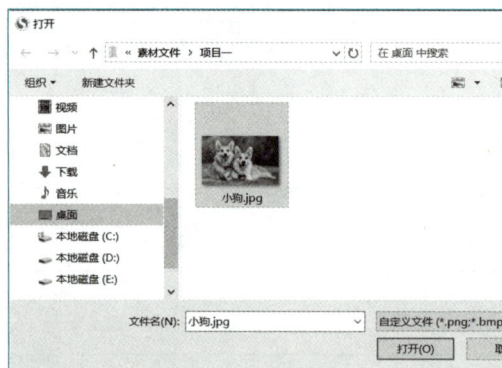

▲ 图1-7　选择图片

▲ 图1-8　识别结果

（5）将鼠标指针移至页面上方的"开放能力"选项上，在打开的下拉列表中将鼠标指针移至左侧的"图像技术"选项上，在打开的子列表中选择"图像增强"栏下的"图像清晰度增强"选项，如图1-9所示。

（6）使用相同的方法在打开页面中的"功能体验"区域上传"小狗.jpg"素材图像，待百度AI处理后，可左右拖曳蓝色圆形滑块，对比图像优化前后的效果，如图1-10所示。

▲ 图1-9　选择"图像清晰度增强"选项　　　　▲ 图1-10　处理结果

AI思考角

完成操作后，请分组讨论为什么人工智能能够识别出图像中的对象，然后在百度AI开放平台使用其他人工智能技术，进一步体验人工智能的功能。

任务二　深入了解人工智能

任务描述

在初步认识人工智能后，本任务将深入了解人工智能的情况，如人工智能安全与伦理问题，人工智能如何改变生产模式、提高生产效率，人工智能在各个领域的应用情况等，探索人工智能的广阔世界。

相关知识

一、人工智能安全与伦理问题

近年来，人工智能呈现出"井喷式"发展。作为当今科技的前沿领域，人工智能在带来诸多便利的同时，也伴随着一系列安全与伦理问题，这些问题会随着人工智能技术的广泛应用而日益凸显，受到越来越多人的关注和讨论。

Fundamentals and Applications of Artificial Intelligence

1. 人工智能与安全

随着人工智能应用的常态化，人工智能安全问题愈加不容忽视。总体而言，人工智能在数据、算法、可靠性、应用等方面均存在安全风险。

- 数据安全。人工智能模型日益庞大，开发过程日益复杂，数据泄露风险点变多、隐蔽性变强。交互式人工智能的应用降低了数据流入模型的门槛，用户在使用交互式人工智能时往往会放松警惕，更容易透露个人隐私、商业信息、科研成果等数据。

- 算法安全。人工智能模型的参数越来越多、结构越来越复杂，解释模型、让人类理解模型的难度变大，这导致判断人工智能模型的算法是否安全变得更加困难。如果这些算法存在偏见或歧视，那么人工智能系统也会产生类似的偏见和歧视，导致出现不公正的结果。

- 可靠性安全。由于现实场景中的环境因素复杂多变，人工智能难以通过有限的训练数据覆盖现实场景中的全部情况。如果受到干扰或攻击等情况，人工智能就可能会发生性能水平波动，导致可靠性降低，严重时甚至可能引发安全事故。

- 应用安全。人工智能在不断普及和应用的过程中，出现了被滥用、误用或恶意使用等现象，进而威胁社会安全、人身安全等。例如，物业强制在小区出入口使用人脸识别、通过手机应用等向业主推送大量雷同信息，让业主陷入信息茧房的处境；又如不法分子利用人工智能伪造虚假视频、图像、音频进行诈骗勒索、传播不良信息等。

AI智慧讲堂 信息茧房是由美国学者凯斯·桑斯坦（Cass Sunstein）提出的比喻性概念。它描述的是人们在信息获取过程中，由于自身兴趣、偏好或信息推送机制的影响，导致所关注的信息领域逐渐变得狭窄，仿佛被包裹在一个茧房之中，难以接触到更广泛、更多元的信息和观点。人工智能推荐系统会通过分析用户习惯，为其推荐个性化信息而形成"过滤气泡"，进而造成互联网回音壁效应，使用户陷入信息茧房的处境。

2. 人工智能与伦理

"伦理"一词在汉语中通常指人伦道德之理，即人与人相处的各种道德准则。这些准则指导着人们在社会生活中的行为，确保人际关系的和谐与社会的稳定。人工智能伦理是指在研究、开发和应用人工智能技术时，需要遵循的道德准则和社会价值观，以确保人工智能的发展与应用不会对人类和社会造成负面影响。我国国家新一代人工智能治理专业委员会于 2021 年 9 月 25 日发布了《新一代人工智能伦理规范》，旨在将伦理道德融入人工智能全生命周期，为从事人工智能

知识拓展

《新一代人工智能伦理规范》

相关活动的人们提供参考。

实际上，人工智能与伦理一直是紧密相连的。随着人工智能技术的快速发展，其对社会、经济、文化等方面的影响日益显著，人工智能的伦理问题也日益受到关注。其中，责任归属、就业影响、人类增强、控制失衡等伦理问题尤其突出。

- 责任归属。传统的责任体系主要基于人类的行为和决策，但人工智能系统的决策过程往往涉及复杂的算法和数据处理。当人工智能系统出现问题时，很难确定责任主体。现有的法律体系无法涵盖人工智能系统造成的所有损害，导致在追责时缺乏明确的法律依据。开发者、使用者、系统所有者等各方可能相互推诿责任，使得受害者难以获得赔偿。

- 就业影响。人工智能技术可以自动化处理大量重复性、烦琐的工作，这不仅会导致这些岗位的从业者面临失业风险，还会促使传统职业被迫转型，对从业者的技能和知识提出新的要求。另外，人工智能技术的发展可能催生新的职业和产业，但这些新的就业机会可能会并不平等地分配给所有人，那些教育水平低的劳动者有可能面临更大的就业压力。图1-11所示为应用人工智能的汽车生产流水线，人工智能机械臂的引入导致许多工人失去原有的工作。

▲ 图1-11 应用人工智能的汽车生产流水线

- 人类增强。人类增强是指通过科技手段提升人类的能力、智力或身体素质。虽然这些技术在改善生活质量、治疗疾病和提升人类能力方面具有巨大潜力，但同时也引发了一系列伦理问题。例如，智能植入物和脑机接口等技术可能使个人的思想和记忆被外部设备读取与操控，从而威胁个人的隐私和思想自由。

- 控制失衡。随着人工智能技术的不断发展，其自主性也在不断提高。由于人工智能系统的决策过程往往基于复杂的算法和数据处理，因此其决策结果具有不可预测性，这使得人类难以准确预测和控制人工智能系统的行为。如果人工智能系统出现安全漏洞或被恶意攻击者利用，就可能导致系统崩溃、数据泄露等严重后果，这将对人类的隐私安全构成威胁。

🔍 AI思考角

在一些科幻作品中，人工智能会通过不断学习而产生自主意识，你认为这些作品中的情节是否会在现实中发生？如果会发生，人类应当如何提前对人工智能进行限制？

二、人工智能赋能新质生产力

新质生产力是指创新起主导作用，摆脱传统经济增长方式、生产力发展路径，具有高科技、高效能、高质量特征，符合新发展理念的先进生产力质态。它由技术革命性突破、生产要素创新性配置、产业深度转型升级而催生，以劳动者、劳动资料、劳动对象及其优化组合的跃升为基本内涵，以全要素生产率大幅提高为核心标志，特点是创新，关键在质优，本质是先进生产力。

- 从劳动者的角度来说，人工智能具备将人类累积的知识转化为数据化形式的能力。借助强大的数据输入和深度学习技术，以及模拟人类的思考模式，人工智能掌握的知识量远超人类大脑的极限。它还能对信息化知识进行重新编排与创新应用，展现出积极主动的知识创新与运用能力。例如，人工智能能够执行文案创作、文本生成图像、文本生成视频、代码自动生成等智能任务，为人类智力劳动提供有力的帮助，为全面提升劳动者的素质、技能以及智力劳动效率注入关键动力。图1-12所示为人工智能根据《山海经》的内容生成的神兽"虚耗"。

▲ 图1-12 人工智能生成的神兽"虚耗"

- 从劳动资料的角度来说，人工智能技术的颠覆性、通用性和普适性催生了众多新型生产工具，促使劳动资料从传统的物质形态向虚拟形态转变，极大地扩展了生产空间，进一步解放了劳动者，并减轻了自然条件对生产活动的制约。

- 从劳动对象的角度来说，数据作为一种新兴的生产要素，成为关键的劳动对象。人工智能将生产过程简化为劳动者利用人工智能技术，对劳动对象进行智能化处理的过程。在这个过程中，人工智能技术本身以及经过其智能化处理的事物，都被视为新质生产力概念下的劳动对象。同时，人工智能能够显著提高管理和组织的效率，实现经济活动的智能化和绿色化转型，为培育新质生产力提供广阔的成本降低、效率提高的空间。人工智能在推动生产方式变革和劳动形态演进的同时，也将加速相关法律框架、监管政策和保障机制的调整与完善，从而消除生产、分配、流通、消费环节中的障碍，促进产业结构和组织结构的优化调整，形成与新质生产力相匹配的新型生产关系。

三、人工智能的应用领域

人工智能的应用领域广泛且深入，涵盖多个行业和日常生活的方方面面。这里简单介绍人工智能的10种常见应用领域。

- 智慧教育。利用人工智能技术提供个性化教学方案，提升教学质量与效率，如智能辅导系统、在线学习平台等应用。

- 智慧医疗。利用人工智能技术进行疾病诊断、药物研发、患者监护，提升医疗服务水平，如智能影像识别、远程医疗咨询等应用。

- 智慧金融。利用人工智能技术进行风险评估、欺诈检测、投资建议，增强金融服务的智能化和安全性，如智能投顾、信用评分系统等应用。

- 智能安防。利用人工智能技术进行视频监控分析、人脸识别、异常行为检测，提升公共安全水平，如智能监控系统、门禁管理等应用。

- 智能制造。让人工智能技术在生产线的自动化、质量控制、供应链优化等方面发挥作用，推动工业制造的智能化发展，如智能机器人、智能化流水生产线等应用。

- 智能翻译。利用人工智能技术实现跨语言沟通的无缝对接，促进国际交流与合作，如实时翻译软件、智能翻译设备等应用。

- 智能出行。让人工智能技术在自动驾驶、交通流量管理、出行规划等方面发挥作用，提高交通效率与安全性，如自动驾驶汽车、智能导航等应用。

- 智能购物。利用人工智能技术进行商品推荐、虚拟试衣、智能客户服务等，优化购物体验，如个性化电商平台、智能购物车等应用。

- 智能穿戴。将人工智能技术融入可穿戴设备，监测健康数据、提供运动建议、实现智能交互等，如智能手表、智能眼镜等应用。图1-13所示为一款VR（Virtual Reality，虚拟现实）眼镜，使用该智能穿戴设备可以使用户处于一种虚拟的环境中，提升其视听体验。

- 智能健康管理。综合应用人工智能技术进行健康监测、疾病预防、健康管理计划制订等，实现个性化健康管理，如远程健康监测、疾病预测模型等应用。

▲ 图1-13　使用智能穿戴设备体验视听效果

四、人工智能相关的法律法规

为了确保人工智能的健康、安全和可持续发展，全世界都在积极推动与人工智能相关的立法工作，以应对人工智能带来的挑战和机遇。目前，我国与人工智能相关的法律法规呈现出逐步建立和完善的趋势，这有助于我国更好地发展人工智能技术，惠及全国乃至全世界人民。

- 《中华人民共和国个人信息保护法》。其主要内容是保护个人信息权益，规范个人信息处理活动，促进个人信息合理利用，明确个人信息处理应遵循的原则、个人信息处理者的义务、个人在个人信息处理活动中的权利以及履行个人信息保护职责的部门等，旨在构建完善的个人信息保护制度。

- 《中华人民共和国数据安全法》。其主要内容是规范数据处理活动，保障数据安全，促进数据开发利用，保护个人、组织的合法权益，维护国家主权、安全和发展利益，建立了数据安全保护义务、数据安全制度、数据安全应急处置机制等，旨在构建一个全方位的数据安全保障体系。

- 《中华人民共和国人工智能法（学者建议稿）》。其主要内容是明确人工智能发展的基本原则、促进措施、权益保护、安全监管、法律责任等，构建一个全面、规范的人工智能法律框架，旨在保障人工智能技术的健康、有序发展，同时保护个人、组织及国家的合法权益与安全。

- 《生成式人工智能服务管理暂行办法》。其主要内容是明确生成式人工智能服务的规范和要求，包括技术发展与治理、服务规范、监督检查和法律责任等，旨在促进生成式人工智能健康发展和规范应用，维护国家安全和社会公共利益，保护公民、法人和其他组织的合法权益。

- 《国家新一代人工智能标准体系建设指南》。其主要内容是明确人工智能标准体系建设的指导思想、建设目标、建设思路及建设内容，构建一个涵盖基础共性、支撑技术与产品、基础软硬件平台、关键通用技术、关键领域技术、产品与服务、行业应用、安全/伦理等多方面的标准体系，旨在推动人工智能技术的规范化、标准化发展，并加强与国际标准的协同，为人工智能的高质量发展提供支撑和保障。

- 《新一代人工智能伦理规范》。其主要内容是将伦理道德融入人工智能全生命周期，提出增进人类福祉、促进公平公正、保护隐私安全、确保可控可信、强化责任担当、提升伦理素养等6项基本伦理要求，并详细规定人工智能在管理、研发、供应、使用等特定活动中的18项具体伦理要求，旨在引导从事人工智能相关活动的自然人、法人和其他相关机构等遵守伦理规范，促进人工智能健康发展。

五、人工智能的未来展望

人工智能未来的发展充满无限可能，同时也面临诸多挑战。根据目前的发展趋势和发展方向，可以预见以下几个方面将是人工智能未来发展的重点。

- 深度融合与应用。人工智能将继续与各个行业深度融合，如制造业、医疗健康、金融服务、教育培训等领域。通过人工智能技术的深入应用，可以显著提高生产效率、降低成本、优化服务体验等。

• 人机协作。随着技术的进步，人工智能将成为人类的得力助手。无论是外科手术中的精确操作、法律案件的分析处理，还是日常工作的辅助，人工智能都将更好地与人类协同工作，共同解决问题。

• 智能自主系统。智能机器人和自主系统将更加普及，它们不仅能在特定环境中独立完成任务，还能根据环境变化做出适应性调整。这些系统将在物流、家庭服务、公共安全等多个领域发挥重要作用。

• 跨媒体智能。人工智能能够更有效地理解和处理多种类型的数据，包括文本、图像、视频等，实现跨媒体的信息融合和交互，为用户提供更加丰富和个性化的体验。

• 群体智能。利用人工智能技术组织和协调多个个体或系统，形成高效的协作网络，解决单个实体难以应对的复杂问题，如城市交通管理、灾害响应等。

• 可持续性和能效。随着人工智能技术的广泛应用，人们对计算资源的需求也在不断增加，这带来了能效和环境可持续性的挑战。未来的研究将致力于开发更加节能高效的算法和硬件，减少人工智能技术对环境的影响。

任务实施

任务实施1   今昔对比看变化

人工智能技术的广泛应用，正在逐步改变着我们的生活习惯。过去，当我们规划出行路线和预估出行时间时，需要查阅地图或依赖经验判断；现在，智能导航系统和出行App利用人工智能算法，可以根据实时路况、交通管制信息和我们的出行偏好，智能推荐最优路线，甚至预测到达目的地的大致时间，极大地提高了出行的效率和舒适度。在健康管理领域，以往我们可能需要通过定期的医院体检监测健康状况，但现在我们可以利用智能穿戴设备，借助人工智能技术全天候监测心率、睡眠质量、步数等基础健康数据，并得到个性化的健康建议，从而更有效地管理健康。

人工智能的普及与应用，让我们的生活方式变得更加智能、高效。请大家根据自己的了解，通过今昔对比描述人工智能给我们带来哪些变化，并将具体内容填写到表1-2中。

表1-2   人工智能带来的变化

行为	以前的方式	现在的方式
出行	查阅地图或依赖经验	使用智能导航系统
健康监测	医院体检	佩戴智能穿戴设备监测基础健康数据

续表

行为	以前的方式	现在的方式
寻找创作灵感		
回家开门		
学习知识		

任务实施2　感受智慧农业的生产场景

在人工智能的加持下，我国的农业生产也进入智能化阶段，这种智慧农业往往集成了先进的人工智能、物联网和大数据等技术，致力于实现农业生产的智能化、精准化和高效化。请通过网络或电视等渠道，观看中央电视台科教频道（CCTV-10）播出的纪录片《智能中国》第6集"智慧农业"，如图1-14所示，然后回答表1-3中的问题。

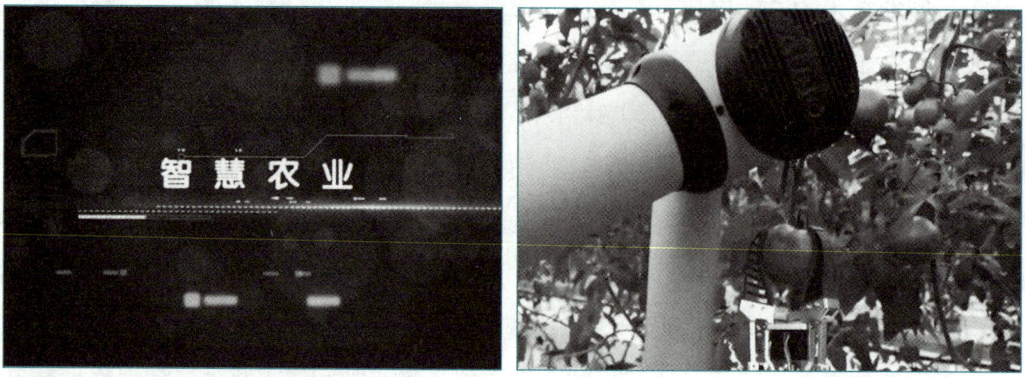

▲ 图1-14 "智慧农业"纪录片部分画面

表1-3　人工智能与智慧农业

问题	回答
人工智能如何实现草莓的智能种植	
无人驾驶拖拉机是怎样规划出最佳操作方案的	
农业传感器有什么作用？工作时需要注意什么	

问题	回答
采果机器人如何分辨并采摘西红柿	
智能系统如何监控害虫并预警	
无人机喷洒农药的难点在哪里	
生猪养殖平台如何实现饲养的人工智能化	
海产养殖的自动投喂系统是怎样工作的	

素养天地　　人工智能对人才的综合素质要求较高，学生应当从多个方面提升自我以适应人工智能的人才素养要求。例如，通过系统学习专业知识、积极参与实践活动、培养创新能力、提升分析能力、提升团队合作与沟通协调能力、培养社会责任感等，完成自我素质的提升，从而满足人工智能的人才要求，并为社会做出贡献。

项目实训

探索人工智能在新能源汽车充电管理中的应用

1. 实训背景

随着我国居民环境保护意识的增强和可持续发展战略的推进，新能源汽车作为减少碳排放、促进绿色出行的重要手段，其市场占有率正逐年提高。然而，新能源汽车的普及也带来了新的挑战，尤其是充电基础设施的布局优化、充电效率的提高以及电网负载的均衡等问题更是亟待解决和优化。人工智能技术的快速发展为应对这些挑战提供了可能。通过人工智能算法，可以实现充电需求的精准预测、充电策略的智能优化以及充电网络的动态调度，从而大幅提高充电效率，降低运营成本，并促进能源系统的智能化转型。

2. 实训目标

（1）了解人工智能在新能源汽车充电管理中的应用。

（2）认识人工智能在新能源汽车充电管理中的优势。

（3）了解人工智能在新能源汽车充电管理中可能存在的安全问题。

3. 案例与分析

特来电新能源股份有限公司（以下简称"特来电公司"）是我国新能源汽车充电设备制造商和充电网运营商，主要从事充电设备的研发、生产、销售及充电网的建设与运营，为用户提供充电系统解决方案及充电网运营服务。特来电公司正积极运用人工智能技术，对充电基础设施的布局、充电效率的提升以及电网负载的均衡进行深度优化。特来电公司通过大数据分析预测充电需求，精准捕捉新能源汽车用户的充电行为模式，如行驶轨迹、停留时间等，进而合理规划充电站的布局，确保资源的高效利用，减少空置率。在此基础上，智能选址算法进一步助力，综合考虑地理位置、交通流量、人口密度等多重因素，为新的充电站选址提供科学指导，使充电服务更加便捷地覆盖广泛用户群体。图1-15所示为特来电公司建设的充电桩。

▲ 图1-15　特来电公司建设的充电桩

在提高充电效率方面，特来电公司的充电管理系统展现出强大的智能化能力。充电管理系统能够依据新能源汽车的电池状态、剩余电量及用户充电需求，智能推荐最优充电策略，包括充电功率的选择与充电时间的规划，确保充电过程既高效又安全。同时，通过实时监控充电桩的使用情况，动态调度算法将充电需求合理分配到各个充电桩，有效避免过载或空置现象，减少用户等待时间，提升充电体验。此外，故障诊断与预警机制的建立，使得充电桩能够实时受到监控，一旦出现故障或异常，系统会立即发出预警，并迅速调配维修人员处理，确保充电服务的持续稳定。

在电网负载均衡方面，特来电公司同样展现出卓越的创新能力。充电管理系统与电网系统深度集成，实时获取电网负荷信息，通过算法优化，动态调整充电站的充电功率和充电时间，有效平衡电网负荷，避免过载或波动，确保电网的安全和稳定运行。部分充电站还配备了储能系统，利用人工智能技术实现智能调度，在电网负荷低谷时段吸收多余电能，高峰时段释放电能，为充电站提供电力支持，提升电网的灵活性和可靠性。

特来电公司通过人工智能技术的深度应用，不仅优化了充电基础设施的布局，提高了充电效率，还实现了电网负载的均衡，为新能源汽车产业的可持续发展注入新的活力。这些实践经验不仅提升了充电服务的便捷性和可靠性，也为其他新能源汽车充电设施运营商提供了宝贵的借鉴和启示。

请根据上述案例，分析并回答以下问题。

（1）总结人工智能在新能源汽车充电管理中的具体应用。

_____

_____

_____

（2）说明人工智能在新能源汽车充电管理中的优势。

_____

_____

_____

（3）分析人工智能在新能源汽车充电管理中可能存在的各种安全问题。

_____

_____

_____

前沿拓展

超级人工智能的畅想

人工智能从诞生到现在，已经经历了几十年的发展。在ChatGPT问世之前，人工智能一直处于ANI（Artificial Narrow Intelligence）的阶段，即狭义人工智能；在ChatGPT问世之后，人工智能进入AGI（Artificial General Intelligence）的阶段，即通用人工智能；未来，在科学家的畅想中，人工智能将会进入ASI（Artificial Super Intelligence）的阶段，即超级人工智能的阶段。

2024年10月8日，OpenAI首席执行官山姆·奥特曼（Sam Altman）在其博客文章中展现了对未来超级人工智能的展望。他认为，超级人工智能将超越现有人工智能的能力，能够在几乎所有的智力任务上超越人类，这将大幅提升人类生活的品质与效率，人类将真正进入智能时代。

超级人工智能往往被认为具有自我意识，能够基于人工智能的理解能力，发展出自己的情感理解、信念和欲望，可以思考人类无法想到的抽象领域，理解和解释人类的情感和体验。超级人工智能可以应用于几乎所有的领域，无论是数学、科学、艺术、体育还是医学、营销，甚至是情感关系。

有学者将超级人工智能划分为 3 种主要形态，即高速超级智能、集体超级智能和素质超级智能。

- 高速超级智能。高速超级智能以惊人的思考速度著称，通过提升芯片算力和优化算法，能够在极短的时间内完成复杂的计算任务，不仅能够提高工作效率，更在实时数据分析、紧急决策等方面展现出巨大潜力。

- 集体超级智能。集体超级智能是由众多小型智能体组成的庞大系统，这些智能体之间通过高速通信网络进行协作，共同完成任务。与人类团队相比，集体超级智能在协作效率、知识共享和决策一致性方面具有显著优势，其智能水平远超同等规模的人类团队，能够为解决全球性难题提供强大的技术支持。

- 素质超级智能。素质超级智能则代表了超级人工智能在智慧上质的飞跃。与高速超级智能和集体超级智能不同，素质超级智能不仅思考速度快、协作能力强，更在创造力、情感智能和哲学理解等方面展现出人类难以企及的优势，这样的超级人工智能不仅能够解决复杂的科学问题，还能在艺术创作、情感交流等方面展现出独特的魅力。

超级人工智能的实现需要突破当前的技术瓶颈，如优化算法、升级硬件等。此外，超级人工智能的决策还可能引发伦理争议。例如，当超级人工智能在医疗领域做出决策时，如何确保决策的公正性和合理性；当超级人工智能参与社会决策时，如何保障人类的自主权和隐私权等。

超级人工智能是一个充满挑战和机遇的概念，它能够推动科学、技术、经济等领域的飞速发展，也可能引发一系列伦理、社会和技术问题。在追求超级人工智能的过程中，我们需要保持谨慎和理性的态度，加强技术研发和伦理监管，确保超级人工智能的发展符合人类的利益和价值观，共同创造一个更加美好的未来。

思考练习

1. 单项选择题

（1）人工智能的概念是在（　　）年被首次提出的。

　　　A. 1952　　　　　　　　B. 1956

C. 1962   D. 1976

（2）被视为人工智能发展的一个重要里程碑的是（　　）。

  A. GPT-3语言模型的发布

  B. Google第二代机器学习平台TensorFlow的推出

  C. AlphaGo赢得围棋比赛冠军

  D.《人工智能法案》的制定与生效

（3）人工智能三大流派不包括（　　）。

  A. 符号主义   B. 联结主义

  C. 行为主义   D. 功能主义

（4）人工智能关键要素不包括（　　）。

  A. 数据   B. 算法

  C. 算力   D. 设计

（5）人工智能安全问题不涉及的问题是（　　）。

  A. 数据安全   B. 算法安全

  C. 能源效率   D. 可靠性安全

（6）（　　）不是人工智能伦理所关注的主要问题。

  A. 责任归属   B. 就业影响

  C. 环境污染   D. 控制失衡

（7）不属于人工智能相关法律法规的是（　　）。

  A.《中华人民共和国个人信息保护法》

  B.《中华人民共和国数据安全法》

  C.《生成式人工智能服务管理暂行办法》

  D.《中华人民共和国环境保护法》

2. 简答题

（1）简述人工智能的定义。

（2）人工智能的发展经历了哪些阶段？

（3）什么是图灵测试？

（4）说说人工智能未来的发展趋势。

02

项目二　人工智能与算法

　　对于人工智能而言，算法就像设计蓝图对于建筑的重要性一样，是不可或缺的。在建筑过程中，即便有优质的建筑材料和技艺高超的建筑师，如果没有详细的设计蓝图，建筑师也无法构建出宏伟的建筑。在人工智能领域，无论数据（相当于建筑材料）的质量多么好、人工智能系统（相当于建筑师）多么先进，没有算法（相当于设计蓝图），也无法完成或高效完成既定任务。

　　算法直接决定了人工智能的性能和效率，算法的创新和改进更是推动人工智能发展的关键。学习人工智能的算法，可以更深入地理解人工智能。

—— **学习目标**

1　明确人工智能算法的定义、发展和未来。
2　掌握机器学习的定义、类型、常见算法和应用。
3　认识神经网络，掌握深度学习的常见算法与应用。

—— **能力目标**

1　使用Python编写和运行简单的程序。
2　使用朴素贝叶斯算法构建垃圾邮件过滤器。
3　识别不同深度学习算法的应用场景。

—— **素养目标**

1　培养良好的逻辑思维和解决问题的能力。
2　具备持续学习意识，探索人工智能算法的创新应用。

—— **思维导图**

任务一　人工智能算法概述

任务描述

我们知道人工智能可以使自动驾驶汽车感知周围环境，自动识别医学影像中的病灶，科学分析金融领域的交易数据和股价变化等，但可能并不知道，这些应用实际上都是各种先进算法在起作用。本任务将全面认识人工智能算法，然后对人工智能算法的发展历程进行梳理，并利用 Python 编写一个简单的程序。

相关知识

一、算法与人工智能算法

算法是指一系列定义明确的、有限且可执行的步骤或规则，它是计算机科学的核心概念之一，旨在解决特定问题或执行特定任务。简单来说，我们可以把算法理解为解决某种或某类问题的一种方法或过程，它一般具有以下特征。

● 有穷性。一个算法必须在执行有限步骤后结束，不能无限循环。这意味着每一步操作都必须在有限时间内完成，确保整个算法过程能够在合理的时间内得到结果。

● 确定性。算法中的每个步骤都有明确的定义，对于相同的输入，每次执行都会得到相同的输出，不会产生二义性。

● 可行性。算法中的所有操作都应该是可执行的，不存在不可执行的算法内容，已编辑好的所有算法都能通过有限的运算完成相应的操作。

● 输入项。一个算法可以有零个或多个输入项，这些输入项用于刻画运算对象的初始情况。其中，零个输入项是指算法本身定义了初始条件的情况。

● 输出项。一个算法至少有一个输出项，以反映对输入数据加工后的结果，没有输出的算法是毫无意义的。

人工智能算法可以理解为算法的一个子集，它专注于模拟人类智能行为和学习能力，以解决实际问题。假设当前需要完成一个任务，内容是识别并分类花园中的各种花朵。对于人类而言，我们需要花费大量的时间观察每种花朵的特征，如花瓣形状、颜色、花香等，通过长期的学习和实践，才能逐渐掌握识别并分类花朵的技能。此后当我们看到花朵时，就会根据已有的知识和经验，快速判断出它的种类。当需要掌握的花朵知识越来越多时，我们判断花朵种类所耗费的精力也会越来越多，这时可能会因为疲劳、注意力分散等导致判断失误。特别是对于那些罕见或难以识别的花朵，人类可能需要借助专业的书籍或工具才能做出准确的判断。

人工智能算法在完成这个任务时，首先会收集大量的花朵图像数据，并标注每种花朵的种类；然后，算法会使用这些数据进行训练，学习不同种类花朵的特征，当算法接收到一张新的花朵图像时，便会计算图像与已知花朵种类的相似度，并根据学习到的特征进行识别；最后给出最可能的分类结果。图2-1所示为人工智能机器人识别花朵。

▲ 图2-1 人工智能机器人识别花朵

与人类完成这个任务相比，人工智能算法能够处理大量的数据，并提取有用的特征，具有更高的准确性和效率。同时，人工智能算法不会受到疲劳、注意力分散等因素的影响，能够持续稳定地工作。另外，对于罕见或难以识别的花朵，算法可以通过不断学习和更新数据提升识别能力。

二、人工智能算法的发展史

人工智能算法的发展史是一个不断探索、突破与应用的历程。从最初的神经元模型、神经网络模型到专家系统、深度学习技术，再到现代的各种应用场景，人工智能算法不断推动着人类社会的进步与发展。

1. 萌芽阶段（20世纪40年代至50年代）

20世纪40年代至50年代是人工智能的萌芽阶段。在这个时期，科学家首次提出"人工智能"的概念，并进行了初步的探索和研究。该阶段的研究主要集中在理论基础的建立和基本算法的开发上。这一时期不仅标志着人工智能作为一个独立学科诞生，也为后续的技术发展奠定了坚实的基础。

1943年，美国心理学家沃伦·麦卡洛克（Warren McCulloch）和数学家沃尔特·皮茨（Walter Pitts）提出了第一个神经元模型，即M-P模型，该模型把神经元的活动表现为简单的兴奋或抑制两种变化。虽然M-P模型在现在看来过于简单，但它开创了神经网络这个研究方向，为今天神经网络的发展奠定了基础。

知识拓展

M-P模型示例

1951年，马尔文·明斯基（Marvin Minsky）和迈克尔·沃尔波特（Michael Walport）发明了第一台神经网络模型——SNARC，这是一台具有开创性的神经网络学习机，它的诞生标志着神经网络研究的开始，为后续人工智能和机器学习的发展奠定了重要基础。

1956年，艾伦·纽厄尔和赫伯特·西蒙开发了第一个人工智能程序——逻辑理论家，该程序是第一个模仿人类解决问题技能的程序，它能够模拟人类证明符号逻辑定理的思维活动，并成功地证明了一些数学定理。

2. 早期发展阶段（20世纪60年代至70年代）

在人工智能算法发展的早期阶段，即20世纪60年代至70年代，人工智能从概念的萌芽进入实际研究与应用探索时期，人工智能算法也开始在不同领域进行深入的理论研究与应用。

1966年，美国计算机科学家约瑟夫·魏泽堡（Joseph Weizenbaum）和精神病学家肯尼斯·科尔比（Kenneth Colby）共同编写出Eliza对话系统，这是一个早期的人工智能程序，被设计为模仿人本主义疗法的心理治疗师，通过简单的模式匹配和替换方法模拟对话，如图2-2所示。作为世界上第一个真正意义上的聊天机

▲ 图2-2　Eliza对话系统

器人，Eliza在自然语言处理和非自然智能领域产生了重大影响，它的出现标志着人工智能在模拟人类对话方面的初步尝试，并为后续的对话系统研究奠定了基础。

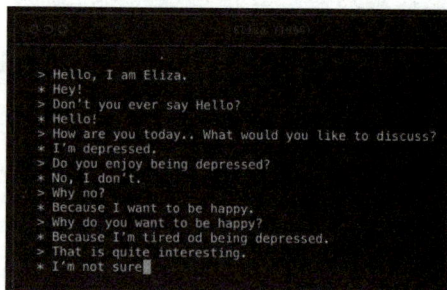

1968年，美国斯坦福大学爱德华·费根鲍姆（Edward Feigenbaum）教授和化学家乔舒亚·莱德伯格（Joshua Lederberg）合作研发出世界上第一个成功的专家系统DENDRAL，该系统是一个化学专家系统，利用质谱数据和化学家的经验知识，对可能的分子结构形成约束，并生成可能的分子结构图，主要用于帮助化学家判断某待定物质的分子结构。

1976年，美国斯坦福大学爱德华·H.肖特利夫（Edward H. Shortliffe）等人研发出MYCIN医疗专家系统。MYCIN能对传染性疾病进行专家水平的诊断和治疗选择，它使用自然语言同用户对话，并回答用户提出的问题，还可以在专家的指导下学习新的医疗知识，具有自我学习和适应的能力。MYCIN第一次使用知识库的概念，并采用似然推理技术。

> AI智慧讲堂
>
> 似然推理也称为概率推理或不确定性推理，是一种基于概率理论进行推理的方法。它允许从不确定性的初始证据出发，通过运用不确定性的知识，最终推出具有一定程度的不确定性但却是合理或者近乎合理的结论。

3. 复苏与成长阶段（20世纪80年代至90年代）

人工智能在20世纪80年代至90年代进入复苏与成长阶段。在这一阶段，人工智能算

法研究重新焕发活力，特别是专家系统的兴起和神经网络的复苏，为人工智能算法的发展注入新的活力。

20世纪80年代初，随着计算机硬件的进步，商用专家系统R1（又名XCON）问世，它代表了人工智能技术在商业和工业应用中的一个重要里程碑，标志着人工智能从理论研究向实际应用的重要转变。R1主要应用于计算机系统的配置领域，它能够根据用户的需求和系统的特性，自动生成最优的硬件配置方案，这大大提高了配置过程的效率和准确性，降低了人工配置的复杂性和错误率。

1986年，杰弗里·辛顿（Geoffrey Hinton）、大卫·鲁梅尔哈特（David Rumelhart）和罗纳德·威廉姆斯（Ronald Williams）共同发表了一篇名为《通过反向传播错误学习表示》"Learning representations by back-propagating errors"的论文，首次将反向传播算法引入多层神经网络训练。这一算法为训练多层神经网络提供了有效的方法，奠定了深度学习的基础，对人工智能领域产生了深远的影响。

20世纪90年代，人工智能领域迎来多项重要算法的创新和突破，诸如支持向量机、条件随机场、集成学习方法、卷积神经网络等算法都在这一时期出现，不仅推动了相关技术的发展，也为深度学习等先进技术的诞生奠定了坚实基础，使得人工智能在处理复杂任务时变得更加高效和准确。

4. 现代人工智能算法发展阶段（21世纪初至今）

21世纪初至今，人工智能经历了飞速的发展和变革，迎来了现代化阶段。这一时期，得益于计算能力的显著提升、大数据的广泛应用，以及深度学习等新兴技术的突破，人工智能算法取得了惊人的进展。

2006年，杰弗里·辛顿及其团队提出了深度信念网络（Deep Belief Network，DBN）的训练方法，通过构建多层次的神经网络模型，模拟人脑的信息处理过程，实现复杂的数据表示和特征提取。

2014年，伊恩·古德费罗（Ian Goodfellow）等人提出生成对抗网络（Generative Adversarial Network，GAN），其核心思想是通过构建两个相互竞争的神经网络，实现数据的生成和判别。GAN的提出为生成模型的发展开辟了新的道路，其在图像生成、视频合成等领域取得了显著成果。

2016年，谷歌旗下人工智能公司DeepMind开发的智能系统AlphaGo在围棋比赛中战胜世界冠军李世石，展示了强化学习在复杂决策问题中的强大能力，这标志着强化学习这种算法在人工智能领域的应用取得显著进展。

2017年，谷歌团队提出 Transformer 模型，该模型基于注意力机制算法，通过计算输入数据中不同部分之间的相关性，动态地调整模型对不同部分的关注度，在机器翻译等任务中取得显著效果。

2018年，DeepMind 开发 AlphaZero，这是一个强化学习算法，它在没有任何人类数据的情况下，通过自我对弈学习，击败了当时世界上最强大的国际象棋、围棋和将棋程序。

2021年，DeepMind 开发 AlphaFold 2，这是一个基于深度学习的蛋白质结构预测算法，它能够准确预测蛋白质的三维结构，在生物学领域具有革命性的影响。

2024年，人工智能算法在气候变化和可持续发展领域发挥了重要作用，它可以通过预测模型和优化算法帮助人类减少碳排放与提高能源效率。

三、人工智能算法的未来

人工智能算法未来将朝着更高效、更智能和跨领域融合的方向发展，通过进一步优化实现更高的准确性和强壮性，不同算法之间的融合将带来新的创新应用。

首先，算法优化与融合是人工智能算法的一个重要发展方向。随着技术的不断进步，人工智能算法将继续向更高效、更智能的方向发展。一方面，算法的优化将不断提升模型的准确性和强壮性；另一方面，不同算法之间的融合将产生新的创新应用。例如，将深度学习与强化学习相结合，可以实现更加复杂和智能的决策过程。

其次，跨领域融合应用也将成为人工智能算法的一个重要发展方向。未来，人工智能算法将与更多领域进行深度融合，形成跨领域的创新应用。例如，在医疗健康领域，人工智能算法可以辅助医生进行疾病诊断和治疗方案制定；在安防监控领域，人工智能算法可以实时监测视频画面，提升安全性。

此外，量子人工智能也是一个值得关注的发展方向。量子计算可能给人工智能带来革命性变化，它能让算法以数亿倍于标准计算机的速度运行，为诸多领域创造新的可能，如疫苗和医药研发、新材料和新能源的生产等。

任务实施

任务实施1　梳理人工智能算法的发展历程

人工智能算法的发展历程是一个充满创新和突破的过程，从最初的理论探索到如今的广泛应用，每一步都是人工智能发展的重要里程碑。本任务将对人工智能算法的发展进行梳理，请根据所学的知识补充时间线的内容。

1943年提出M-P神经元模型　　1956年开发（　　　　　　　　　）程序　　1966年开发Eliza对话系统

1951年发明SNARC神经网络模型

1986年引入方向传播算法　　　　　　1976年开发（　　　　　　　）医疗专家系统

20世纪80年代初商用专家系统R1（XCON）问世　　　1968年开发DENDRAL专家系统

2006年提出（　　　　　）的训练方法　　2014年提出生成对抗网络　　2016年（　　　　　）战胜围棋世界冠军

20世纪90年代出现支持向量机、条件随机场等算法

2021年开发AlphaFoid2　　　　2018年开发（　　　　　　　）

2024年人工智能算法在（　　　　　　　　　　）领域发挥了重大作用　　2017年提出Transformer模型

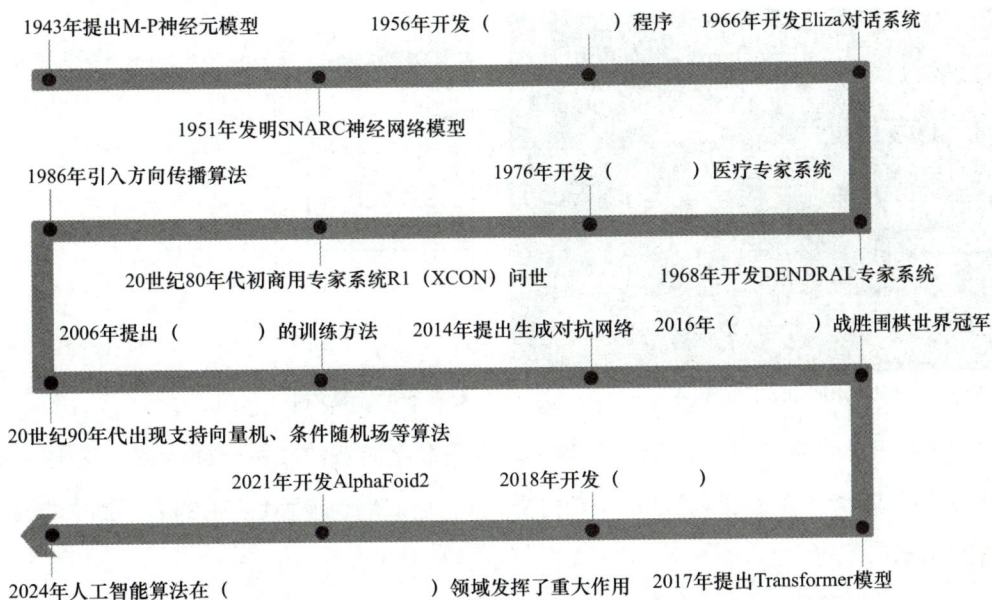

任务实施2　设计简单的猜数字游戏

操作视频

无论多么先进的人工智能算法，都是由最基础的计算机程序构成的，本任务将使用Python自带的编辑器Python IDLE完成游戏的设计和运行，体验编辑并运行简单程序的过程。该程序首先会随机产生一个在1～100范围内的整数，然后接收用户输入的数据，并与该整数相比较，如果小于随机产生的整数，将输出"你输入的数小了。"；如果大于随机产生的整数，将输出"你输入的数大了。"；如果等于随机产生的整数，则输出"你猜对了。"和"你一共用了n次"的信息，其中"n"表示从开始猜直到猜对数字共输入的次数。此外，如果用户输入的数据不符合要求，则将输出"必须输入1到100的整数。"

设计简单的
猜数字游戏

下面介绍猜数字游戏的设计和运行，具体操作如下。

（1）在计算机上下载并安装Python 3.13，下载完成后单击桌面左下角的"开始"按钮⊞，在打开的"开始"菜单中选择"IDLE（Python 3.13 64-bit）"命令，启动Python自带的IDLE程序，如图2-3所示。

（2）在打开的窗口中选择【File】/【New File】菜单命令，如图2-4所示。

AI智慧讲堂　　Python是一种功能强大、简单易学、高效可靠的编程语言，适用于多种应用场景。Python的语法非常简洁明了，减少了冗长的代码，对于新手来说极易上手。

▲ 图2-3　启动Python IDLE程序

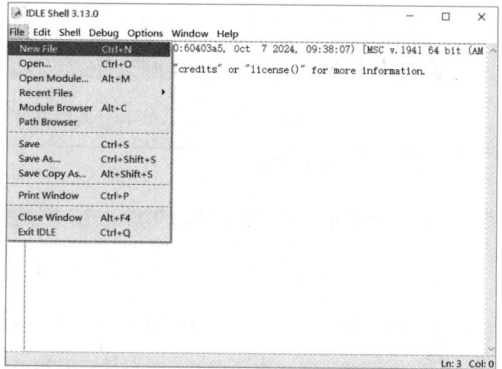

▲ 图2-4　新建文档

（3）打开未命名的文档窗口，在其中输入猜数字游戏的相关代码内容，这里可复制"代码.txt"素材文件（配套资源：\素材文件\项目二\代码.txt）中的内容到文档窗口，如图2-5所示。

（4）完成后在窗口中选择【File】/【Save】菜单命令，如图2-6所示。

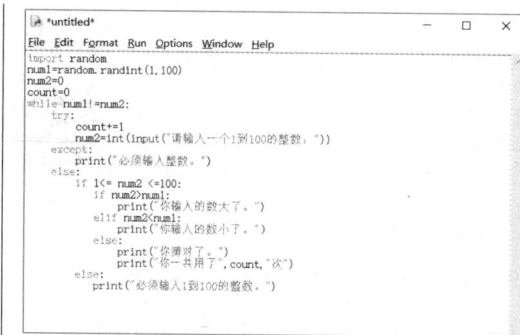

▲ 图2-5　输入或复制代码

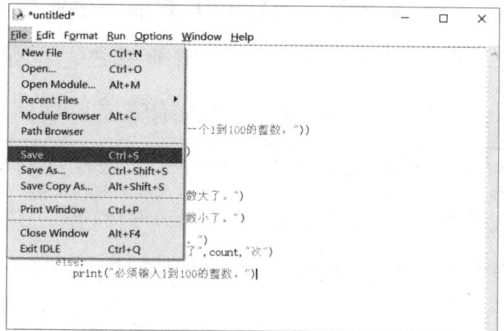

▲ 图2-6　保存文档

（5）打开"另存为"对话框，在其中设置代码文档的保存位置和名称，然后单击 保存(S) 按钮，如图2-7所示。

（6）选择【Run】/【Run Module】菜单命令或按【F5】键运行程序，如图2-8所示。

▲ 图2-7　设置代码文档的保存位置和名称

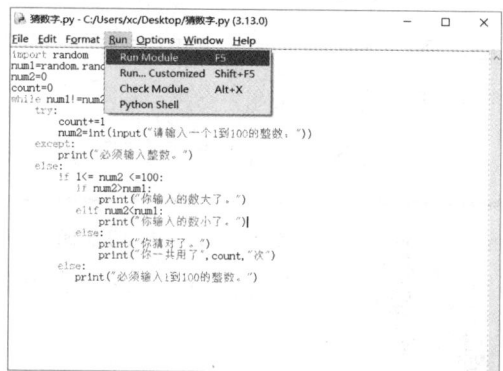

▲ 图2-8　运行程序

（7）在打开的窗口中将显示运行结果，根据提示输入一个1~100的整数，然后按【Enter】键，如图2-9所示。

（8）程序将判断输入的整数是否等于随机产生的整数，如果不相等，则给出提示。根据提示继续输入符合条件的整数，并按【Enter】键，如图2-10所示。

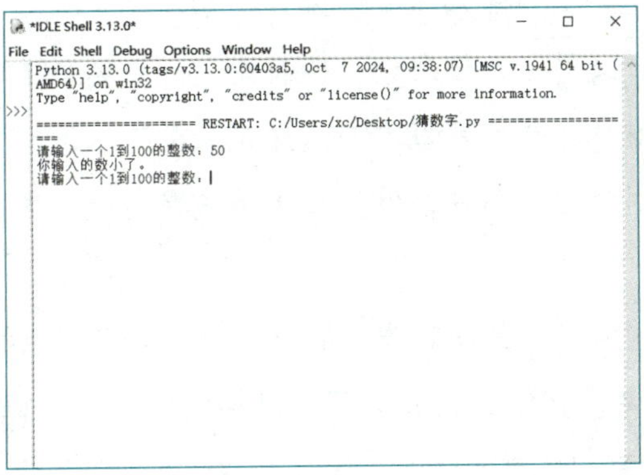

▲ 图2-9　输入整数

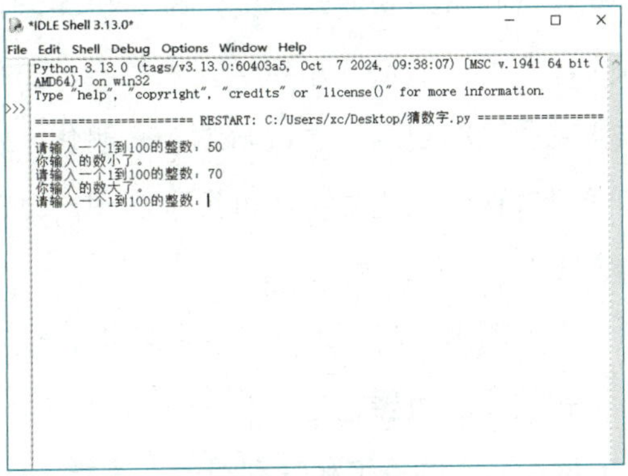

▲ 图2-10　根据提示继续输入整数

（9）按相同的方法继续输入整数，直到输入正确的整数后，程序将输出"你猜对了。"的信息，并提示一共使用的次数，如图2-11所示（配套资源：\效果文件\项目二\猜数字.py）。

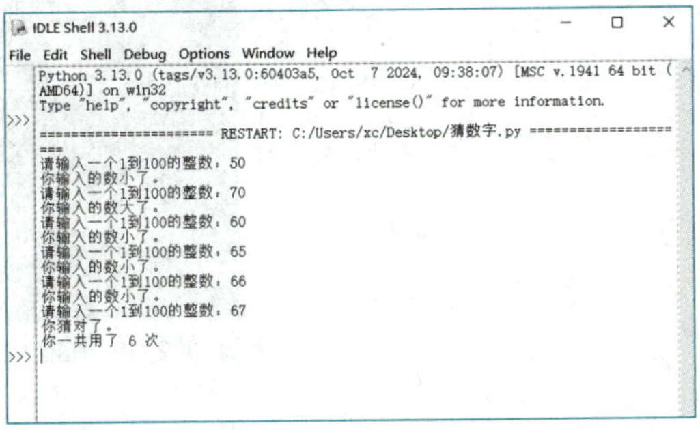

▲ 图2-11　完成游戏

知识拓展

Python基础
知识

任务二　机器学习

任务描述

当你辛苦一天之后回到家，智能家居系统能够通过人体检测与识别功能为你自动调整室内温度和照明亮度，甚至可以与你进行语音对话，根据你的指示关闭窗帘、打开音箱播放指定音乐等，这些都是机器学习算法为人工智能系统打造的"超能力"。本任务将了解机器学习相关的知识，然后尝试利用朴素贝叶斯算法构建一个简单的垃圾邮件过滤器。

相关知识

一、机器学习的定义与流程

机器学习可以理解为一类算法的总称，是指计算机通过对数据、事实或自身经验的自动分析和总结获取知识的过程。机器学习是人工智能领域中研究人类学习行为的一个分支，它可以借鉴认知科学、生物学、哲学、统计学、信息论、控制论、计算复杂性等学科或理论的观点，通过归纳、一般化、特殊化、类比等基本方法探索人类的认识规律和学习过程，以建立能通过经验实现自动改进的各种算法，使计算机系统具有自动学习特定知识和技能的能力。

人类刚出生时基本上什么都不会，但经过几十年的不断学习和积累，便学会了各种知识和技能。机器也是一样的，要让它会思考，就要让它先学习，从经验中总结规律，进而拥有一定的决策和辨别能力，这就是机器学习的基本原理。

例如，在农业生产中，判断苹果的成熟度对于提高产量和品质至关重要。传统的判断方法主要依赖人工经验，通过观察苹果的颜色、大小、硬度等评估其是否成熟。然而，这种方法不仅耗时耗力，而且容易受到主观因素的影响，导致判断结果不准确。为了解决这个问题，荷兰马斯特里赫特大学（Maastricht University）的研究人员利用机器学习技术开发了一个自动判断苹果成熟度的人工智能系统，图2-12所示为安装了人工智能系统的机器人自动识别并采摘苹果。

▲ 图2-12　机器人自动识别并采摘苹果

研究人员首先收集了大量的苹果图像数据，这些图像涵盖不同品种、不同成熟度阶段的苹果。同时，他们还记录了与苹果成熟度相关的其他信息，如采摘时间、储存条件等。利用图像处理技术，研究人员从苹果图像中提取出颜色、纹理、形状等特征，这些特征能够反映苹果在成熟度方面的差异。接着，研究人员将提取的特征与已知的苹果成熟度标签相结合，构建了一个机器学习模型。通过训练，该模型能够学习苹果成熟度与特征之间的关联关系。训练完成后，研究人员使用新的苹果图像数据对该模型进行预测验证。结果显示，该模型能够准确地判断苹果的成熟度，其准确率甚至超过传统的人工判断方法。

根据上述案例，我们可以总结出机器学习的一般流程，具体如下。

1. 问题定义与数据收集

首先明确要解决的问题，如判断苹果的成熟度；接着收集与问题相关的数据，如苹果的图像数据以及与之对应的成熟度标签。

2. 数据预处理

首先去除所收集数据中的噪声和异常值，确保数据的准确性和一致性；然后从原始数据中提取出对解决问题有用的特征，如苹果的颜色、纹理、形状等图像特征；接着对特征进行必要的转换，如标准化、归一化等，以便后续进行模型训练。

3. 模型选择与训练

根据问题的性质和数据的特性选择合适的机器学习模型，如上述判断苹果成熟度的图像分类模型，然后将预处理后的数据输入该模型进行训练，训练过程中可能需要调整模型的参数以优化性能。

4. 模型评估与优化

使用测试数据集对训练好的模型进行评估，计算准确率等性能指标，接着根据评估结果对模型进行调整和优化，如改变特征选择、调整模型参数等。

5. 模型部署与应用

将训练好的模型部署到实际应用场景中，如集成到苹果成熟度判断系统中，在实际应用中持续监控模型的性能，及时发现并处理可能出现的问题。

6. 持续迭代与改进

随着时间和环境的变化，需要不断收集新的数据并更新到模型中，同时还应关注机器学习领域的新技术和新方法，适时对模型进行升级和改进。

> **🔍 AI思考角**
>
> 结合上述内容，你认为什么是机器学习？它的原理或实现流程是怎样的？能否列举其他案例加以说明？

二、机器学习的类型

机器学习可以根据不同的标准划分出不同的类型，这里以学习方式为划分标准，将机器学习分为监督学习、无监督学习、半监督学习和强化学习。

1. 监督学习

监督学习是指使用带有已知结果（或标签）的输入数据对模型进行训练。在这个过程中，算法学习根据输入数据预测出正确的结果，就像是学生在老师的指导下，通过做练习题学习解题方法和技巧，每次练习都有明确的正确答案可供参考和纠正。这样，学生就能逐渐掌握解题的能力，并在遇到新问题时应用所学知识进行解答。在监督学习中，算法也是这样的，它通过学习大量带有标签的样本数据，逐渐掌握预测未知数据的能力。监督学习广泛应用在风险评估、图像识别、预测分析、欺诈检测等领域。例如，在金融领域，可以利用监督学习算法识别欺诈交易行为；在医疗领域，可以利用监督学习算法优化疾病的诊断和治疗方案。

2. 无监督学习

在无监督学习中，算法面对的是没有标签或已知结果的数据，也就是说，这些数据没有明确的"正确答案"来指导学习。无监督学习的目标是从这些数据中发现隐藏的模式、结构或关系。例如，此时有一篮子装有各种各样的水果，但没有说明每种水果分别是什么，无监督学习的任务便是尝试将这些水果分类，这时就需要利用无监督学习算法探索数据，发现其中的规律和结构，而不是像监督学习那样依赖于已知的标签或结果来指导学习。无监督学习主要应用在探索性数据分析、市场细分、异常检测等领域。例如，在商业领域，企业可以利用无监督学习对客户进行细分，以便制定更有针对性的营销策略；在工业领域，企业可以利用无监督学习对设备故障进行检测和预测性维护。

3. 半监督学习

半监督学习是介于监督学习与无监督学习之间的一种机器学习方法，它利用少量的有标签数据和大量的无标签数据进行模型训练，旨在提升模型的性能。这种方法结合了监督学习和无监督学习的优点，能够在一定程度上利用未标记数据，同时避免过度依赖标记数据。半监督学习主要应用在推荐系统、异常检测等领域。例如，在电商网站的推荐系统中，可以利用半监督学习对用户的行为数据进行分析，从而为用户提供更准确的商品推荐。

4. 强化学习

强化学习强调如何通过与环境的互动做出决策。在这个过程中，主体（通常被称为智能体）将学习在特定的环境中如何采取行动，才能使其获得的累积奖励最大化。通过不断尝试不同的行动，强化学习可以根据获得的奖励或惩罚调整策略。同时，主体能够自主地从环境中学习，而不需要人类的直接指导。

强化学习包含以下几个核心要素。

- 智能体。强化学习过程中的学习者或决策者，通过与环境互动学习如何采取行动，以最大化累积奖励。

- 环境。智能体所处的外部世界。环境接收智能体的行动，并返回下一个状态和奖励。

- 状态。描述环境当前情况的信息。智能体根据当前状态做出决策。

- 行动。智能体可以采取的行为或动作。行动的选择取决于当前状态和智能体的策略。

- 奖励。环境对智能体行动的反馈。奖励可以是正的（表示奖励）或负的（表示惩罚），用于指导智能体的学习。

> **素养天地**
>
> 在机器学习领域，特别是强化学习中，参与者需要不断探索新的算法、方法和应用场景，这种持续的创新思维是推动技术进步的关键。此外，机器学习涉及多个学科，如数学、统计学、计算机科学等，参与者需要具备跨学科的知识背景和思维方式，以便更好地理解和应用机器学习技术。

三、机器学习的常见算法

机器学习有多种算法，不同的算法具有不同的特点，这里主要介绍朴素贝叶斯算法、决策树算法和支持向量机算法。

1. 朴素贝叶斯算法

朴素贝叶斯算法是一种基于贝叶斯定理和特征条件独立假设的分类方法，属于监督学习一类。该算法利用概率统计知识进行分类，其核心思想是计算每个特征对于分类的条件概率，并基于这些概率预测新数据的类别。

朴素贝叶斯算法假设特征之间是条件独立的，这意味着每个特征对分类结果的影响相互独立，这一假设简化了计算过程，也是"朴素"二字的由来。

下面通过一个简单的例子说明朴素贝叶斯算法的基本原理。假设有一组关于水果的颜色和形状，以及它们是否是苹果的训练数据，如图2-13所示。我们的目标是使用这些信息预测一个新水果是否是苹果。

现在有一个新的水果样本，它是红色长形的，我们需要预测这个水果是否是苹果。

采用朴素贝叶斯算法时，首先需要计算先验概率，即在不考虑任何特征的情况下，水果是否是苹果的概率。根据

颜色	形状	是否是苹果
红色	圆形	是
绿色	圆形	否
红色	长形	否
绿色	长形	否
红色	圆形	是

▲ 图2-13 识别水果的训练数据

图2-13中的训练数据可知，P(苹果)=2/5，P(非苹果)=3/5。

接着需要计算条件概率，即在已知样本数据的情况下计算相应特征的概率。由于新水果是红色、长形的，因此单独计算颜色和形状是否是苹果的概率分别如下。

- P(红色|苹果)=2/2=1（苹果中红色的比例）
- P(长形|苹果)=0/2=0（苹果中长形的比例）
- P(红色|非苹果)=1/3（非苹果中红色的比例）
- P(长形|非苹果)=2/3（非苹果中长形的比例）

最后计算后验概率，即在已知样本数据的情况下，该样本属于哪种类别的最终概率。后验概率的计算公式为：

$$P(A|X)=[P(X|A)\cdot P(A)]/P(X)$$

其中，$P(A|X)$是后验概率，即在观察到特征X后，该水果是苹果的概率；$P(X|A)$是条件概率，即在水果是苹果的情况下观察到特征X的概率；$P(A)$是先验概率，即在没有观察任何特征之前，该水果是苹果的概率；$P(X)$是证据因子，即观察到特征X的概率，这个值在比较不同类别的后验概率时可以忽略。如果有两个特征，则上述后验概率的计算公式为：

$$P(A|X_1,X_2)=[P(X_1|A)\cdot P(X_2|A)\cdot P(A)]/P(X_1,X_2)$$

因此，新水果是否是苹果的后验概率分别如下。

- P(苹果|红色,长形)=P(红色|苹果)×P(长形|苹果)×P(苹果)=1×0×2/5=0
- P(非苹果|红色,长形)=P(红色|非苹果)×P(长形|非苹果)×P(非苹果)=1/3×2/3×3/5 =2/15

由此可见，P(苹果|红色,长形)=0，P(非苹果|红色,长形)>0，我们可以预测这个新水果不是苹果。

朴素贝叶斯算法由于假设了特征之间是相互独立的，因此其逻辑性十分简单，算法较为稳定，当数据呈现不同的特点时，朴素贝叶斯算法的分类性能不会有太大的差异。由于朴素贝叶斯算法假设特征之间相互独立，而实际应用中这个假设往往不成立，特别是在特征数量较多或特征之间相关性较大时，因此朴素贝叶斯算法的分类效果不好。

2. 决策树算法

决策树算法是一种利用树形结构对数据进行分类的方法，属于监督学习一类。该算法的过程类似于现实生活中的树木，树根是起始点，树干代表决策过程，树枝是不同条件下的分支，而树叶则是最终的决策结果或类别，如图2-14所示。其核心思想是从起始点开始，根据数据集中的特征对数据进行分割，直到满足停止条件便停止分割。决策树的构造过程主要包括特征选择、决策树的生成和决策树的剪枝3个步骤。

（1）特征选择。选取对数据具有分类能力的特征，选择的准则通常为信息增益和信息增益比。

▲ 图2-14 决策树示意图

（2）决策树的生成。根据选择的特征，递归地构建决策树（递归即通过重复将问题分解为同类子问题的方法）。例如从根节点开始，选择信息增益最大的特征作为当前节点的测试特征，并根据该特征的不同取值将数据集划分为不同的子集，然后对每个子集递归地构建决策树，直到满足停止条件。

（3）决策树的剪枝。对生成的决策树进行检验、校正和修剪，目的是去掉那些影响预测准确性的分枝，使决策树更加简单，从而提升其泛化能力（即机器学习算法对新鲜样本的适应能力）。

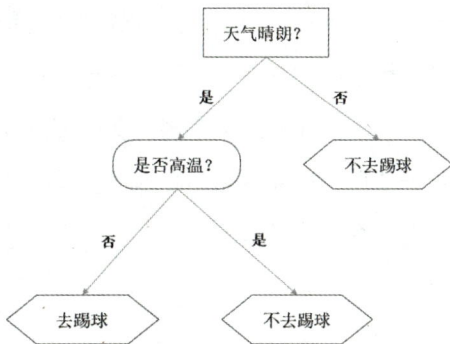

AI智慧讲堂

信息增益是用于衡量在某个特征条件下，将数据集分成不同类别所能带来的纯度提升，或者说是数据集不确定性减少的程度。信息增益比则是指某个特征的信息增益与特征固有值之比。

假设我们有几个朋友，他们每天决定是否出去玩基于一些条件，如天气情况、是否有作业要做以及朋友是否有空，我们可以根据这些条件构建一个决策树来帮助他们快速做出决定。这里假设已具备图2-15所示的训练数据，并且通过计算找到了信息增益最大的特征是"天气"，下面构建决策树。

（1）"天气"作为根节点具有两个分支，分别是"天气＝晴"和"天气＝雨"。

（2）对于"天气＝雨"的分支，其下直接给出决策分类，即"是否出去玩＝否"。对于"天气＝晴"的分支，需要继续选择下一个特征。同样假设"作业"特征的信息增益比"朋友有空"更大，那么"天气＝晴"分支下又包括"作业＝是"和"作业＝否"两个分支。

天气	作业	朋友有空	是否出去玩
晴	是	是	否
晴	否	是	是
晴	是	否	否
雨	否	是	否
雨	否	否	否
晴	否	否	是
雨	是	是	否

▲ 图2-15 判断是否出去玩的训练数据

（3）对于"作业＝是"的分支，其下直接给出决策分类，即"是否出去玩＝否"。对于"作业＝否"的分支，则需要考虑朋友是否有空，因此该分支下又包括"朋友有空＝是"和"朋友有空＝否"两个分支。

（4）对于"朋友有空＝是"的分支，其下直接给出决策分类，即"是否出去玩＝是"；对于"朋友有空＝否"的分支，其下直接给出决策分类，即"是否出去玩＝否"。整个决策树如图2-16所示。

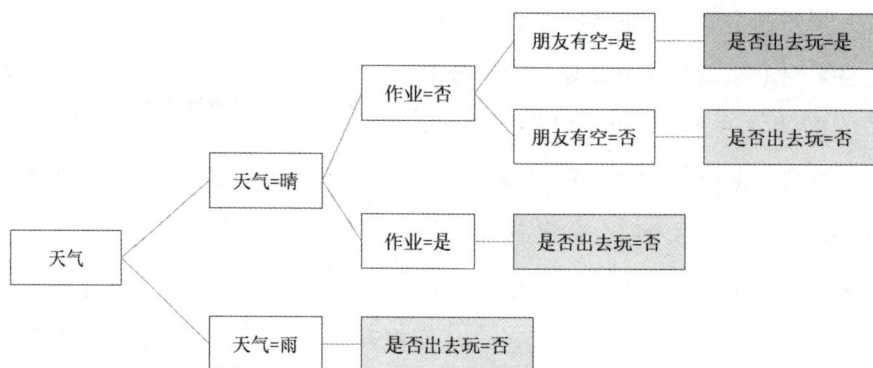

▲ 图2-16　构建的决策树示意图

决策树算法的分类精度高，能够准确地分类样本，其结构清晰易懂，便于理解和解释。但是，如果决策树过于复杂，则可能导致训练数据的过拟合，从而降低对新数据的预测能力。所谓过拟合，可以理解为在机器学习过程中，模型在训练数据上学习得太好，导致模型在新的、未见过的数据上表现不佳。

3. 支持向量机算法

支持向量机算法是一种经典的二分类模型，同样属于监督学习一类。该算法的核心思想是找到一个最优的超平面，将不同类别的样本分开，并最大化间隔，从而实现对新样本的准确分类或预测。

例如，桌上放置了若干个红色和蓝色的小球，现在要求用一根棍子将它们按不同颜色分开，并且保证在放置更多红色或蓝色的小球后，这根棍子仍然是一个很好的分界线，如图2-17所示。支持向量机算法就是试图把棍子放在最佳位置，好让棍子的两边尽可能大的间隙。

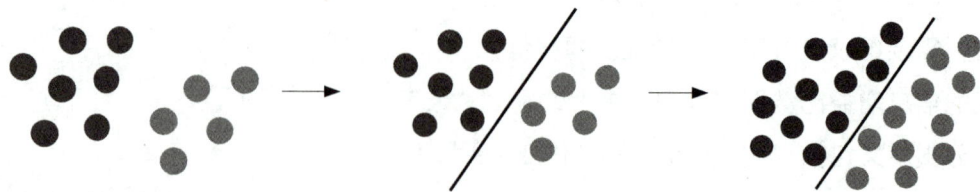

▲ 图2-17　使用棍子分隔小球

　　但是，现实中很多情况下小球都是散乱分布的，这样就不能用一根棍子将它们按不同颜色分开，这就是二维平面中的线性不可分的情况。此时要想分开不同颜色的小球，解决方法也很简单，我们只需使用一个核函数，将二维平面中的小球投影到三维空间，也许就可以在三维空间中找到一个平面将其分隔开来，如图2-18所示。如果无法在三维空间中找到这样一个平面，就可以继续投影到四维空间或更高维度的空间，直到找出一个维度解决线性不可分的问题。

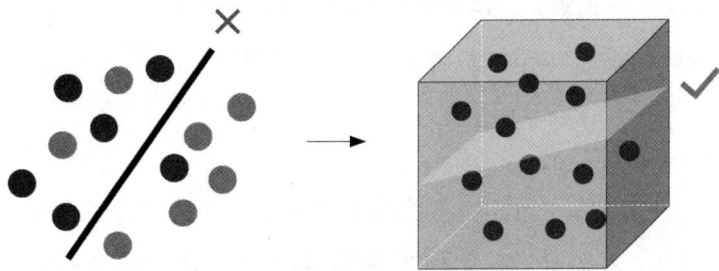

▲ 图2-18　在三维空间中找到平面分隔小球

　　当一个分类问题，数据是线性可分时，即用一根棍子就可以将两种颜色小球分开，我们只要将棍子放在小球与棍子距离最大化的位置，寻找这个最大间隔的过程，这就叫最优化。但是，一般的数据是线性不可分的，即找不到一根棍子将两种颜色的小球分类。这时我们就需要使用核函数将小球投影到多维空间，以找到一个平面分隔小球，而在多维空间中分隔小球的平面，就是超平面。此时如果数据集是N维的，那么超平面就是$N-1$维的。

　　把一个数据集正确分开的超平面可能有多个，而那个具有"最大间隔"的超平面就是支持向量机算法要寻找的最优解，而这个真正的最优解对应的两侧虚线所穿过的样本点，就是支持向量机算法中的支持样本点，称为"支持向量"。支持向量到超平面的距离被称为间隔，如图2-19所示。

　　当找到最优超平面后，支持向量机算法就能够很好地对新的数据样本进行预测和分类。例如，当数据样本的坐标位于图2-19中最优超平面的左侧时，该数据样本就会被识别为红色小球；当数据样本的坐标位于最优超平面的右侧时，该数据样本就会被识别为蓝色小球。

　　支持向量机算法在处理小样本数据集

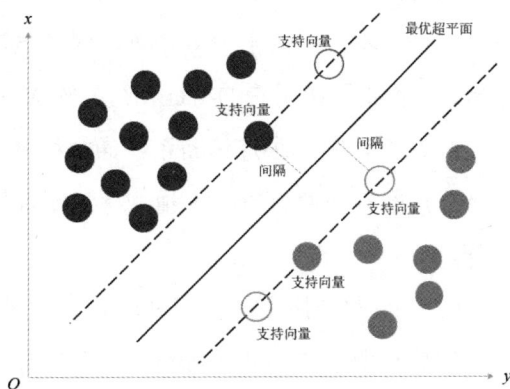

▲ 图2-19　支持向量示意图

时表现优秀，能够有效避免过拟合。同时，该算法具有较好的泛化能力和非线性问题解决能力，对于新样本的分类能力较强。但是，支持向量机算法在大规模数据集上的计算量较大，需要较多的内存和计算时间。因为该算法最初是为二分类问题设计的，所以在处理多分类问题时需要进行复杂的扩展。

🔍 AI思考角

　　根据你对朴素贝叶斯算法、决策树算法和支持向量机算法的认识与理解，你认为这几种常见的机器学习算法适合应用到哪些领域或场景中？

四、机器学习的应用

　　机器学习凭借先进的算法模仿人类的学习方式，可以自动处理大量数据和任务，减少人工处理的工作量，提高处理速度和准确性，能够在许多领域"大展身手"，应用十分广泛。

　　● 垃圾邮件过滤。当我们查看电子邮件时，垃圾邮件过滤器会使用机器学习算法自动识别和隔离垃圾邮件。机器学习算法（如朴素贝叶斯算法）通过分析大量已标记为"垃圾"或"非垃圾"的邮件，识别出垃圾邮件中常见的关键词、短语和其他特征，然后使用这些信息预测新邮件是否为垃圾邮件。

　　● 推荐系统。当我们在抖音上观看短视频或在京东上购物时，推荐系统会根据我们的历史行为和其他相似用户的行为推荐我们可能感兴趣的短视频或商品。推荐系统通常使用机器学习算法分析用户的历史行为（如购买、评分、浏览）来找出相似的用户或项目，并同时将那些相似用户喜欢或经常一起购买的项目推荐给用户。

　　● 市场营销。在市场营销中，利用机器学习算法可以实现客户细分、个性化推荐、广告定向投放以及营销效果分析，从而提高营销活动的针对性和转化率，优化资源配置，降低营销成本。机器学习算法可以对数据进行自动采集和预处理，以及对数据进行深入分析，从而提取出用户的特征和行为模式，并制定与实施各种营销策略。

　　● 医疗诊断。医疗诊断系统通过机器学习算法分析医学影像、识别病灶或其他异常情况，这些算法通过分析大量的标注影像提高其诊断的准确性，有时甚至比人类专家更准确。

　　● 金融欺诈检测。银行和金融机构使用机器学习算法检测信用卡交易中的欺诈行为。欺诈检测系统使用机器学习算法分析交易数据，从而找到异常模式或行为。例如，如果一个通常在国内交易的账户突然在国外进行了大额交易，就有可能存在欺诈的迹象。

任务实施　构建垃圾邮件过滤器

机器学习是人工智能的重要组成部分，它利用各种先进的算法让机器具备学习能力，从而使人工智能技术得以快速发展。本任务利用朴素贝叶斯算法构建一个简单的垃圾邮件过滤器，以进一步掌握机器学习算法的简单原理。

本任务的具体操作如下。

（1）准备数据。假设我们有几封邮件和对应的标签（0表示正常邮件，1表示垃圾邮件），如图2-20所示。

（2）预处理数据。首先将邮件内容拆分成单词，这里分别将"赚钱秘籍"拆分成"赚钱"和"秘籍"；将"促销活动"拆分成"促销"和"活动"；将"朋友聚会"拆分成"朋友"和"聚会"；将"知识讲座"拆分成"知识"和"讲座"，将"投资理财"拆分成"投资"和"理财"。如果文本包含"的""和""是"等常见词汇，需要将这些停用词去除，这里无须此操作。

邮件内容	标签
赚钱秘籍	1
促销活动	1
朋友聚会	0
知识讲座	0
投资理财	1

▲ 图2-20　邮件内容与对应标签

AI智慧讲堂

停用词（Stop Words）是指在自然语言处理中经常出现但对文本的意义贡献很小的词。这些词通常是语法词，如冠词、代词、连词、介词等。在文本分析时，由于停用词不包含太多的语义信息，通常会被忽略。

（3）计算先验概率。分别计算正常邮件和垃圾邮件的先验概率，即P（正常邮件）$=2/5$；P（垃圾邮件）$=3/5$。

（4）计算条件概率。分别计算各单词在正常邮件和垃圾邮件的概率，如单词"秘籍"和"投资"，P（秘籍|正常邮件）$=0/2$，P（秘籍|垃圾邮件）$=1/3$；P（投资|正常邮件）$=0/2$，P（投资|垃圾邮件）$=1/3$。

（5）构建垃圾邮件过滤器。输入一封新邮件，如"投资秘籍"，分词后为"投资"和"秘籍"。计算新邮件后验概率，即P（新邮件|正常邮件）$=P$（投资|正常邮件）$\times P$（秘籍|正常邮件）$\times P$（正常邮件）$=0/2\times0/2\times2/5=0$；P（新邮件|垃圾邮件）$=P$（投资|垃圾邮件）$\times P$（秘籍|垃圾邮件）$\times P$（垃圾邮件）$=1/3\times1/3\times3/5=1/15$。

（6）预测类别。由于P（新邮件|正常邮件）$<P$（新邮件|垃圾邮件），因此可以判断出新邮件为垃圾邮件，可将该邮件视为垃圾邮件过滤掉。

任务三　深度学习

任务描述

与机器学习相比，深度学习具备更强的学习能力，在处理图像、文本、语音等复杂数据时具有更高的性能和更强的泛化能力。本任务将认识深度学习及其相关算法，然后分辨不同算法适合的应用场景。

相关知识

一、深度学习的定义

深度学习最早是由杰弗里·辛顿等人于2006年在《科学》（Science）杂志上发表的文章中首次提出的。他们指出，随着神经网络层数的增多，网络具备了很多非深度神经网络原先所不具备的学习能力，在设计合理的情况下就能学到很多层面的内容，显得更为"智能"。

不同于传统的机器学习，深度学习使用了神经网络结构，神经网络的长度称为模型的"深度"，因此基于神经网络的学习被称为"深度学习"。具体来说，深度学习是机器学习的一个分支，它使用多层的神经网络模拟人脑的学习过程，可以对复杂的问题进行建模、分类和预测。其核心思想是通过构建和训练深层的神经网络模型，使计算机能够从数据中自动提取特征，并学习数据的复杂模式和规律。

随着硬件技术的进步以及大数据时代的到来，深度学习得以迅速发展，并在图像识别、语音识别、自然语言处理等多个领域取得了显著成果，其强大的表示能力和学习能力使得深度学习成为解决复杂问题的重要工具。随着技术的不断发展，深度学习有望在更多领域发挥更大的作用。

二、认识神经网络

人工神经网络（Artificial Neural Network，ANN）简称神经网络，是一种模仿生物神经网络行为特征，进行分布式并行信息处理的人工智能算法模型。

1. 生物神经元

生物神经网络一般指生物的大脑神经元、细胞、触点等组成的网络，用于产生生物的意识，帮助生物进行思考和行动。神经元是生物神经网络的基本功能单元，具有显著的电化学特性，它主要由细胞体、树突、轴突和突触组成，如图2-21所示。树突负责接收来自其他神经元的信号，轴突负责将信号传递给其他神经元，突触则是信号传递的界面。

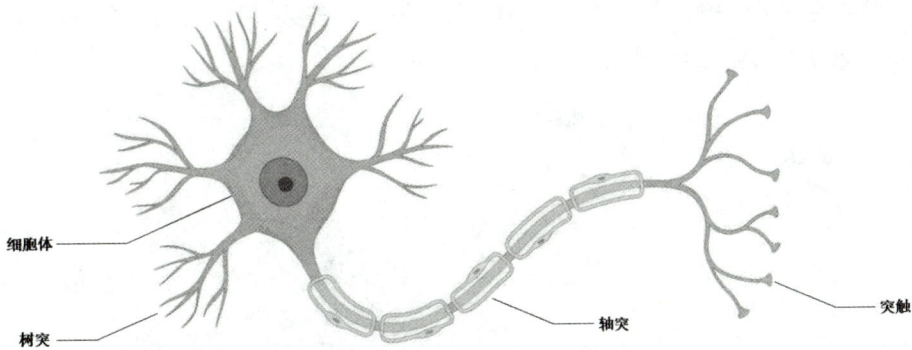

▲ 图2-21　生物神经元的组成

2. 人工神经元

在人工神经网络中，"处理单元"便是人工神经元，这是对生物神经元的一种形式化描述，通过对生物神经元的信息处理过程进行抽象，并用数学语言描述出来的模型，如图2-22所示。人工神经元的基本原理是模仿生物神经元的结构和功能，输入端接收来自其他人工神经元的信号，每个输入信号都乘以一个对应的联结权重，这些信号通过汇总后在激活函数中进行处理，激活函数决定了人工神经元是否应该"激活"并向其他人工神经元发送信号，最终的处理结果作为输出信号传递到下一个人工神经元中。

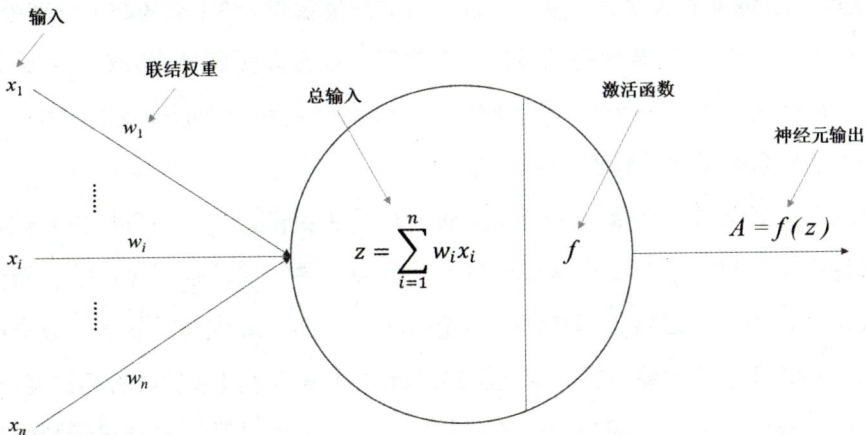

$$z = \sum_{i=1}^{n} w_i x_i$$

$$A = f(z)$$

▲ 图2-22　人工神经元模型

3. 单层神经网络和多层神经网络

单层神经网络也叫"感知器"，主要包括输入层和输出层。输入层里的"输入单元"只负责传输数据，不进行计算；输出层里的"输出单元"则需要对前面一层的输入进行计算（可参见图2-22）。

单层神经网络的表达能力有限，多层神经网络则能用于表达更抽象、更丰富、更精准的逻辑、行为或现象。图2-23所示的多层神经网络模型包含输入层、输出层、隐藏层

（2层）。输入层有4个输入神经单元，隐藏层1有5个神经单元，隐藏层2有3个神经单元，输出层有1个神经单元。

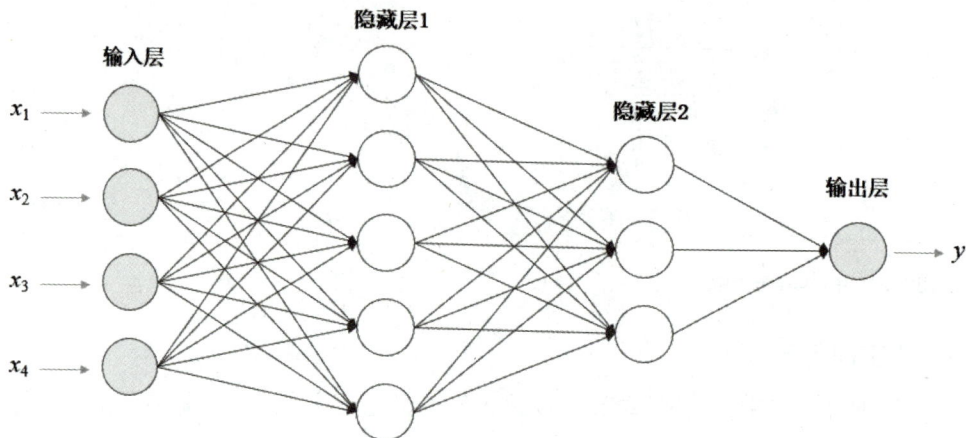

▲ 图2-23　多层神经网络模型

设计神经网络时，输入层与输出层的节点数往往是固定的，隐藏层则需要设计。

● 输入层。输入层是由输入数据的特征数量决定的，如需要输入4种数据，分别是物体的速度、加速度、位置、姿态，这时就需要在输入层设置4个神经元；如果只需输入一张28像素×28像素的灰度图片进行识别，这时只需设置784（28×28）个神经元。

● 输出层。输出层需要根据结果的种类决定，如需要预测一个分数，那么输出层只需设置1个神经元；如果需要让神经网络做一个二分类判断，判断输入的图片是小猫还是小狗，那么输出层就需要设置2个神经元。

● 隐藏层。隐藏层的设置是神经网络设计中的关键部分，它不直接由数据决定，它的数量和每层中神经元的数量通常是根据问题的复杂性和经验进行设计的。隐藏层可以有一个或多个，每个隐藏层中的神经元数量也可以不同，其作用是从输入数据中提取特征，并将这些特征传递到输出层。隐藏层的设计往往需要通过多次实验和调整进行优化，以找到最佳的模型性能。常用的设计策略包括增加隐藏层的数量或神经元数量来提高模型的表示能力，直到出现过拟合或计算资源限制为止。

AI智慧讲堂

知识拓展

为了简化深度学习模型的开发过程，目前已经有许多成熟的深度学习框架。深度学习框架其实就是一种软件库或工具，它提供了一套丰富的功能，以方便设计、训练、测试和部署深度学习模型，这些框架通常包含多种预先构建的神经网络层、激活函数等内容。

常见的深度学习框架

三、深度学习的常见算法

深度学习作为人工智能领域的一个重要分支，拥有许多具有影响力的算法，如卷积神经网络、循环神经网络、生成对抗网络等。

1. 卷积神经网络

卷积神经网络（Convolutional Neural Network，CNN）是深度学习的代表算法之一，主要用于处理具有网格状结构的数据，如图像和视频等。卷积神经网络主要由以下几部分构成。

- 输入层。接收原始数据，如图像（表示为多维矩阵）。
- 卷积层。通过卷积操作提取输入数据的局部特征。
- 池化层。减少特征图的空间尺寸，降低网络计算复杂性，同时保留重要特征。
- 全连接层。对提取的特征进行分类或回归。
- 输出层。输出预测结果。

例如，我们需要通过卷积神经网络算法从一堆图片中找出所有含有猫的图片。

首先，我们需要将这些图片输入到算法中。在卷积神经网络中，输入的图像数据通常表示为像素值的矩阵。例如，一张灰度图片可以表示为一个二维矩阵，彩色图片则是三维矩阵（高度 × 宽度 × 颜色通道）。

接着，我们使用卷积层提取特征。卷积层由多个卷积核（也叫滤波器或特征检测器）组成，每个卷积核是一个小矩阵，用于扫描输入的图像，检测特定类型的模式。例如，有一个卷积核专注于检测眼睛的模式，这个卷积核会在图像上滑动，计算与图像各部分的相似度。当它发现与猫的眼睛相似的区域时，便会激活并产生一个高响应值。这个过程就像在图片上移动一个小窗口，寻找特定的形状或纹理。卷积操作后，通常会应用一个激活函数将线性组合的结果转换为非线性输出。

然后，我们使用池化层减少计算量并保留重要信息。池化层通过提取局部区域的最大值或平均值降低特征图的维度。这样，即使输入图像的大小变化，神经网络也能保持一定的不变性。

经过几层卷积和池化后，我们将得到一个较小的特征向量，代表输入图像的高级特征。将这些特征送入全连接层，类似于传统神经网络中的层。全连接层将特征向量转换为最终的输出，如判断图片中是否包含猫的概率。

最后，输出层给出预测结果。在这个例子中，输出可能是一个概率值，表示图片中包含猫的可能性有多大。如果概率超过某个阈值，就认为图片中有猫。

卷积神经网络在图像处理和识别领域有着广泛的应用，它能够自动从数据中学习特征，这在处理复杂图像数据时尤其有用。在卷积神经网络的卷积层中，同一个卷积核在整幅图像上可以共享，这大大减少了模型的参数数量，降低了计算复杂度和过拟合的风险。另外，卷积层中的神经元只与输入数据的一部分连接，这减少了连接数量，也使得算法更加高效。但是，训练卷积神经网络需要大量的计算资源，尤其是在处理高分辨率图像时。由于网络结构的复杂性，因此训练卷积神经网络通常需要较长的时间。

2. 循环神经网络

循环神经网络（Recurrent Neural Network，RNN）是一类用于处理序列数据的神经网络，能够处理输入信息的序列，并在序列的不同时间点共享参数。循环神经网络的核心是隐藏状态，它包含了过去输入的信息，被用来影响当前和未来的计算。

假设我们使用循环神经网络预测一个句子中的下一个单词。此时循环神经网络的隐藏状态初始化为 0，输入的句子为"我昨天去了"。对于句子中的第一个单词"我"，循环神经网络将其与当前的隐藏状态结合，生成一个新的隐藏状态。对于第二个单词"昨天"，循环神经网络再次更新隐藏状态，这次考虑了前一个单词的信息。这个过程持续进行，直到处理完所有单词。在处理完"去了"之后，循环神经网络的隐藏状态包含了整个句子的信息。基于这个状态，循环神经网络预测下一个最可能的单词，如"公园"。在传统的神经网络中，每一层只与下一层相连。而在循环神经网络中，隐藏状态会反馈到自身，形成一个循环。这意味着当前时刻的隐藏状态不仅取决于当前的输入，还取决于之前的隐藏状态。

循环神经网络能够处理任意长度的序列数据，这在语言处理、时间序列分析等领域非常有用。该算法通过在序列的不同时间点共享参数，降低了模型的复杂性。循环神经网络能够利用上下文信息，这在理解序列数据的上下文关系时非常重要。但是，由于序列的依赖性，循环神经网络难以并行化处理，这限制了其计算效率。

3. 生成对抗网络

生成对抗网络（Generative Adversarial Network，GAN）由生成器和判别器两部分组成。生成器的任务是生成尽可能逼真的数据样本，而判别器的任务是区分这些生成的样本与真实样本，两者通过对抗的方式相互训练，以提升彼此的性能。

假设我们在参加一个艺术比赛，目标是创造出逼真的画作。比赛中有两个团队，一个是"画家团队"，另一个是"评委团队"。

生成器就像是画家团队，它的任务是创造画作。在训练开始时，生成器可能会画出一些非常简单和粗糙的图像，如一些随机的线条和形状。但是随着训练的进行，生成器会逐渐学会画出越来越复杂和逼真的图像。

判别器就像是评委团队，它的任务是判断一幅画是真实的还是由生成器伪造的。在训练开始时，生成器创作的画作还很粗糙，判别器很容易就分辨出真假画作。但是随着时间的推移，生成器创作的画作越来越好，判别器需要变得更加聪明才能正确判断。

在训练过程中，我们可以使用损失函数（用于衡量模型预测结果与真实结果之间差异的函数）衡量生成器和判别器的性能。理想情况下，经过多次的训练后，生成器和判别器将达到一种平衡状态，称为"纳什均衡"。在这个状态下，生成器创作的画作更加逼真，以至于判别器无法区分真伪。同时，判别器也变得更加敏锐，以至于即使是生成器创作的最佳作品也无法欺骗它。

生成对抗网络能够生成非常高质量的数据样本，尤其是在图像生成领域表现出色。与传统的监督学习不同，生成对抗网络不需要大量已标注的数据进行训练，可以应用于图像、文本、音频等多种类型的数据生成任务。但是，生成对抗网络的训练过程可能不稳定，如模式崩溃（即生成器只产生有限的几种样本）。另外，训练大型的生成对抗网络模型需要大量的计算资源。

素养天地

深度学习算法是一种复杂的算法，想要更好地掌握这种算法，不仅需要具备扎实的数学基础，如线性代数、微积分、概率论和数理统计等，还需要掌握至少一门编程语言和一种深度学习框架，更需要具备计算思维、设计思维和系统思维，提升逻辑思维能力。同时能够从大局的角度出发，整合设计技术和资源，优化算法的设计内容。

四、深度学习的应用

深度学习作为人工智能领域的重要分支，已经在多个领域中展现出巨大的应用潜力和价值。

- 图像识别。图像识别是利用人工智能对图像进行处理、分析和理解，以识别各种不同模式的目标和对象。深度学习通过构建多层神经网络模型，特别是卷积神经网络，能够自动提取图像中的深层特征，从而实现图像的分类和识别。其具体应用场景包括人脸识别、物体检测、语义分割等。

- 语音识别。语音识别是一项将人类的语音转化为计算机可以理解的形式的技术。深度学习在语音识别中的应用非常广泛，包括声学模型和语言模型两个方面。声学模型负责将输入的语音信号转换为声学特征序列，而语言模型则根据声学模型输出的声学特征序列生成最可能的文本序列。其具体应用场景包括语音识别、语音翻译和语音合成等。

- 自然语言处理。自然语言处理是使计算机能够理解和生成人类语言。深度学习通过构建多层神经网络模型，能够自动学习语言中的复杂结构和模式，从而实现高效的自然语言处理。其具体应用场景包括机器翻译、文本分类、命名实体识别、情感分析等。

任务实施　识别不同深度学习算法的应用场景

卷积神经网络主要用于处理具有网格状结构的数据，能够自动从数据中学习特征；循环神经网络能够处理输入信息的序列，并在序列的不同时间点共享参数；生成对抗网络不需要大量已标注的数据进行训练，能够生成非常高质量的数据样本。请根据表2-1所示的应用场景，选择出合适的深度学习算法，并在相应的位置标记"√"号。

表2-1　深度学习算法的应用场景

应用场景	卷积神经网络	循环神经网络	生成对抗网络
人脸识别			
图像生成			
语音识别			
天气预测			
图像分类			
游戏设计			
推荐系统			
自然语言处理			

项目实训

项目实训1　分析AlphaGo的人工智能算法

1. 实训背景

AlphaGo是一款具有深远影响的人工智能计算机程序，它的开发耗时多，采用了大量的创新技术。AlphaGo首先通过学习数十万局人类棋手的对弈记录，学习人类的围棋策略，然后通过不断地自我对弈进行学习和优化，最后形成独特的围棋策略。2016年，AlphaGo

在与世界围棋冠军李世石的五局对弈中以4胜1负的成绩获胜，这是人工智能首次在围棋比赛中战胜人类世界冠军，这场比赛被誉为"人工智能的里程碑"。2017年，一个注册为"Master"、标注为韩国九段的"网络棋手"（后证实为AlphaGo的化名）在网上连续击败多位围棋高手，取得60连胜的惊人战绩。同年5月和10月，AlphaGo又分别与我国棋手柯洁进行了两场围棋比赛，均以3:0获胜。AlphaGo的胜利证明了人工智能在复杂问题上的解决能力，而这种能力本质上依赖的正是人工智能算法。

2. 实训目标

（1）认识AlphaGo的核心算法。

（2）了解AlphaGo的算法原理。

（3）了解并熟悉蒙特卡洛树搜索算法。

3. 案例与分析

AlphaGo的核心算法为两个深度神经网络，即策略网络和价值网络，以及一个搜索算法——蒙特卡洛树搜索（MCTS）。

策略网络算法的作用是预测下一步棋的走法概率，该算法输入的是当前棋局的棋盘状态，输出的是下一步应该下在哪个位置的概率分布。通过大量的自我对弈训练，策略网络可以学习到不同棋局状态下最优的下棋策略。

价值网络算法的作用是评估当前棋局状态的好坏，即预测棋手获胜的概率。该算法输入的是当前棋局的棋盘状态，输出的是棋手获胜的概率。通过训练大量的围棋棋局数据，价值网络算法可以学习到棋局状态与获胜概率之间的复杂映射关系。

蒙特卡洛树搜索算法的作用是在策略网络和价值网络的指导下，探索游戏树，找到最优的走法。该算法主要包括选择、扩展、模拟和回溯4个步骤。在选择阶段，该算法利用上限置信区间等策略平衡"探索与利用"，从根节点开始递归选择子节点，直至选择一个叶节点；在扩展阶段，如果选择的叶节点不是终止节点，则随机创建其后的一个未被访问节点，并选择该节点作为后续子节点；在模拟阶段，从扩展节点开始运行一个随机模拟的输出，直到博弈游戏结束，以评估该节点的价值；在回溯阶段，该算法使用模拟的结果反向传播更新搜索树中路径上所有节点的统计信息，如胜率和访问次数。通过多次迭代这4个步骤，蒙特卡洛树搜索算法能够逐渐逼近最优决策。

AlphaGo的算法原理基于深度强化学习，结合了深度学习和强化学习两种技术。深度学习擅长从大量数据中提取有价值的特征和模式。在AlphaGo中，深度学习用于训练策略网络和价值网络。强化学习则擅长在无标签的环境中通过试错学习获得最优策略。在

AlphaGo中，强化学习通过自我对弈不断优化策略网络和价值网络的参数。

AlphaGo的算法实现包括数据收集、神经网络训练、强化学习和自我对战等步骤。

- 数据收集。收集大量的围棋对局数据，包括人类专家的对局数据和AlphaGo自己的对局数据。

- 神经网络训练。使用深度神经网络根据输入的不同围棋局面，输出对应的落子概率和胜率评估。通过反复训练以最小化预测结果与实际结果之间的差距。

- 强化学习。使用蒙特卡洛树搜索算法找到最佳的落子策略。通过模拟大量可能的落子和对局评估局面，并根据最终结果对神经网络的参数进行调整。

- 自我对战。AlphaGo通过与自己进行多次对局来不断优化神经网络和搜索算法。这种自我对战的方式可以提高算法的实力，并避免过拟合。

请根据上述案例，分析并回答以下问题。

（1）AlphaGo的核心算法有哪些？各有什么作用？

_____

_____

_____

（2）通过围棋对弈过程简述AlphaGo的算法原理。

_____

_____

_____

（3）蒙特卡洛树搜索算法有哪些步骤？

_____

_____

_____

（4）深度学习和强化学习在AlphaGo中各起到什么作用？

_____

_____

_____

项目实训2　人工智能应用下的民航全球机场信息爬取

1. 实训背景

在人工智能项目的开发中，数据和算法都很重要。在民航领域里，机场信息和航班信息是最基础的数据，本次实训我们借助Python爬虫工具来爬取国内航班信息。

2. 实训目标

（1）熟练运用Python进行数据爬取实践。

（2）培养在航空领域内应用数据分析解决实际问题的能力。

3. 案例与分析

本项目主要爬取携程网上航班号、机型、出发及到达时间、出发及到达城市、出发及到达机场、准时率、价格、航司、航班计划等字段数据。由于时间和资源问题，本节课只爬取西安出发的所有航班。（相关资料见本书配套资源）

（1）目标网站分析

通过爬虫爬取数据，首先需要分析数据所在网页结构信息。网站前端代码会随时变化，因此示例代码中涉及网页结构等信息可能会报错，需要根据实际情况分析调整。本项目爬取目标网站为携程网中的机票信息。

本次爬取共涉及携程三级页面，这里通过函数分别爬取每一页数据；其中，第一级页面存储所有出发航班，第二级页面存储出发航班到目的地航班，第三级页面存储出发航班到目的地航班的航班明细记录。网页的查询逻辑为：首先查询并筛选航班出发城市；然后查询并筛选航班到达城市；最后查询并筛选两个机场间具体航班及起飞到达时间。

第一级页面如图2-24所示，本页面存储了国内城市出发机场。

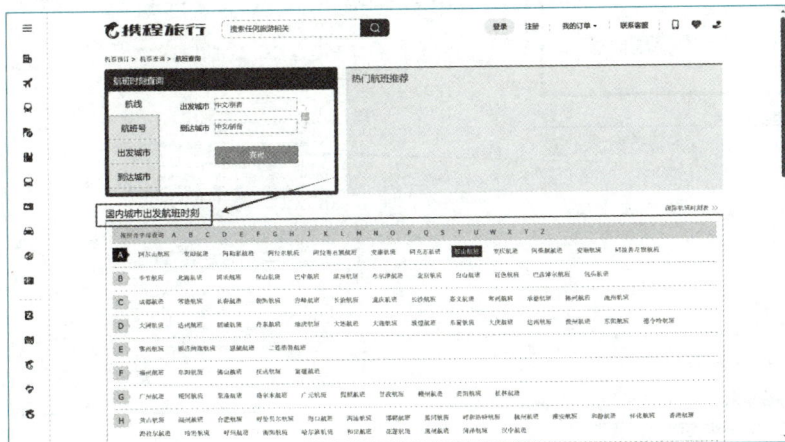

▲ 图2-24　第一级页面

第二级页面如图2-25所示，本页面存储了出发机场所能到达的所有国内城市机场。

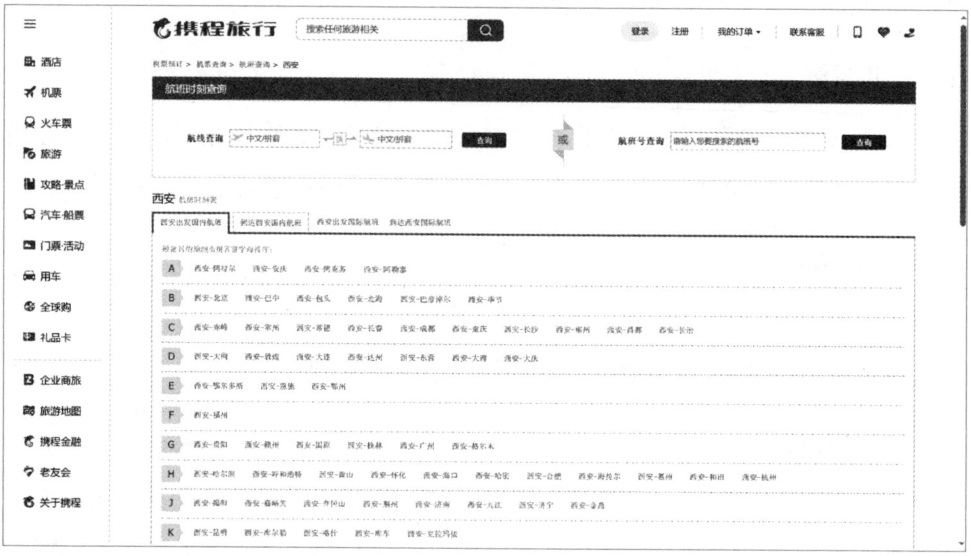

▲ 图2-25　第二级页面

第三级页面存储了出发机场和到达机场之间的所有航班信息。

本阶段涉及数据爬取目标网页结构。通过这一过程，大致确定了爬虫的行为逻辑，为后续数据爬取奠定基础。

（2）页面解析

打开第一级页面（见图2-26），通过键盘上"F12"键打开浏览器开发者工具，查看网页源代码。这里网页源代码内容非常多，我们通过查找功能"Ctrl+F"对比出发机场关键词（如"阿尔山航班"），最后再定位链接和名称。

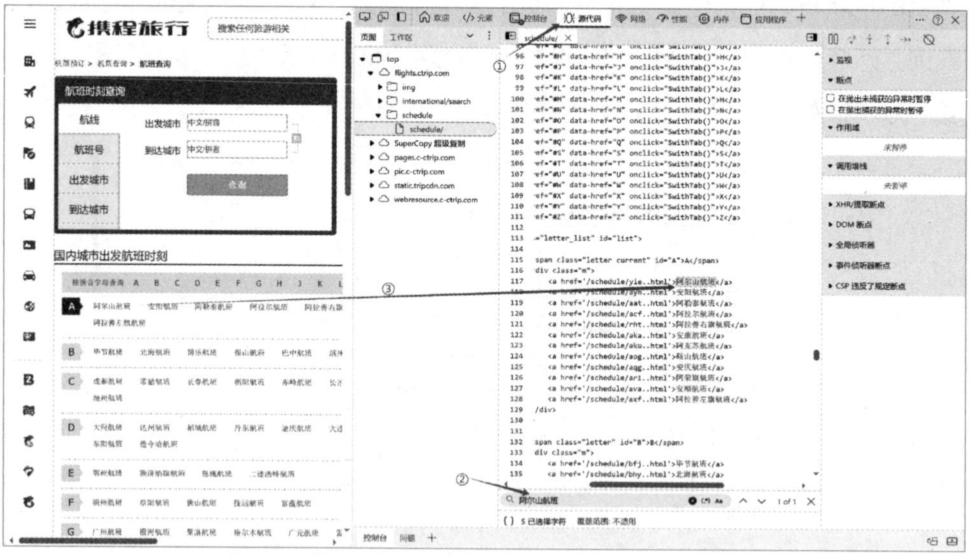

▲ 图2-26　第一级页面页面解析

通过上述分析，设计爬虫中代码如下：

```
flight_name = tree.xpath("//div[@class='m']/a/text()")
flight_link = tree.xpath("//div[@class='m']/a/@href")
```

效果如图2-27所示。

```
# 获取所有机场及一级页面链接
def flight_departure():
    # 首页网址URL
    url = 'https://flights.ctrip.com/schedule'
    # 请求发送
    page_text = requests.get(url=url, cookies=cookies, headers=headers).text
    #数据解析
    tree = etree.HTML(page_text)
    # 出发航班名称和链接
    flight_name = tree.xpath("//div[@class='m']/a/text()")
    flight_link = tree.xpath("//div[@class='m']/a/@href")
    print("共获取到",len(flight_name),"机场数！！")
    print(flight_name)
    return flight_name,flight_link
```

▲ 图2-27 第一级页面页面解析相关代码

同样方法，打开第二级页面，分析并设计爬虫中到达的航班明细，如图2-28所示。

```
def flight_dep_arr(flight_name,flight_link):
    flight_name_2 = {} # 存储出发-到达的记录
    flight_link_2 = [] # 存储出发-到达的航班明细网页的链接
    for i in range(len(flight_name)):
        time.sleep(1)
        url = 'https://flights.ctrip.com' + flight_link[i]
        page_text = requests.get(url=url, headers=headers).text
        tree = etree.HTML(page_text)

        name = tree.xpath("//div[@class='m']/a/text()")
        link = tree.xpath("//div[@class='m']/a/@href")

        print(flight_name[i],'数据已获取完，共和',len(name),'个机场有往返记录')
        name_dict = {flight_name[i]:name}
        flight_name_2.update(name_dict) # 字典合并
        flight_link_2.extend(link) # 数组合并
    return flight_name_2,flight_link_2
```

▲ 图2-28 第二级页面页面解析相关代码

第三级页面数据是动态展示，需要获取数据接口，在数据接口中拿到数据json字符串；另外，还需要注意多页爬取，如图2-29所示。方法如下：打开第三级页面，进入开发者模式（按"F12"键），找到网络工具；通过查找功能（"Ctrl+F"）对比航班号关键词（如"GS7649"），定位数据表头和数据连接。

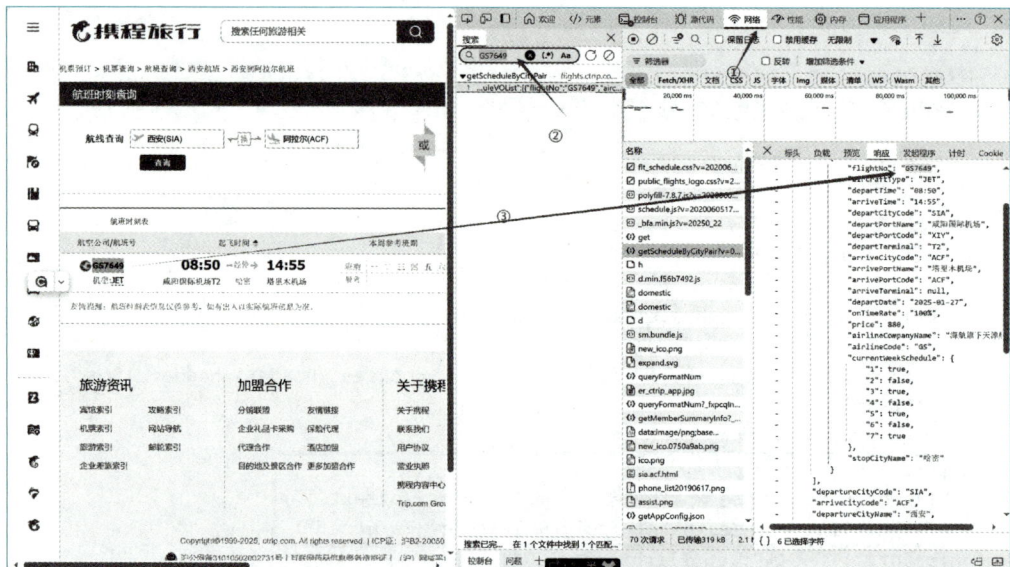

▲ 图2-29　第三级页面页面解析

通过上述分析，设计爬虫数据表头和数据如图2-30所示。

```
df = pd.DataFrame(columns=np.arange(25))
k = 0
url='https://flights.ctrip.com/schedule/getScheduleByCityPair'
for link in range(len(flight_link_2)): # 获取出发机场至到达机场及三级页面链接
    time.sleep(1)
    print("开始爬取"+flight_link_2[link].split("/")[-1].split(".")[0].upper()+"—"+flight_link_2[link].split(".")[-2].upper()+"航班")
    for num in range(10): #以北京至上海为例，最多10页航班数据，每页20个航班号
        headers = {
            'authority': 'flights.ctrip.com',
            'accept': 'application/json',
            'accept-language': 'zh-CN,zh;q=0.9',
            'cache-control': 'no-cache',
            'content-type': 'application/json;charset=UTF-8',
            # 'cookie': '_RSG=4mKyJR3oQ2FL3D_FSXtBr8;  _RDG=289fda7de3273426211d373ea0161b1ef2;  _RGUID=f09ac836-d3f1-4c04-8d4b-de170ffcd0d5; MKT_CKID=
            'origin': 'https://flights.ctrip.com',
            'referer': 'https://flights.ctrip.com/schedule/'+ flight_link_2[link].split("/")[-1].split(".")[0].lower()+'.'+flight_link_2[link].split(
            'sec-ch-ua': '"Chromium";v="122", "Not(A:Brand";v="24", "Google Chrome";v="122"',
            'sec-ch-ua-mobile': '?0',
            'sec-ch-ua-platform': '"Windows"',
            'sec-fetch-dest': 'empty',
            'sec-fetch-mode': 'c
            'sec-fetch-site': 'same-origin',
            'user-agent': 'Mozilla/5.0 (Windows NT 10.0; Win64; x64) AppleWebKit/537.36 (KHTML, like Gecko) Chrome/122.0.0.0 Safari/537.36',
        }
        ploy_data = {
            "departureCityCode": flight_link_2[link].split("/")[-1].split(".")[0].upper(),
            "arriveCityCode": flight_link_2[link].split(".")[-2].upper(),
            "pageNo":num+1
            "departDate":"2024-02-26"
        } #{"departureCityCode": "BJS", "arriveCityCode": "SHA"}
```

▲ 图2-30　第三级页面页面解析相关代码

📡 前沿拓展

进入量子计算的世界

在科技迅猛发展的时代，量子计算已经成为科技前沿的一大亮点，这一革命性的计算模式不仅带来了前所未有的计算速度，还为人工智能、材料设计、金融预测等领域带

来无限可能。随着各国科学家和科技公司对量子计算的深入研究与开发，量子计算正迎来前所未有的突破和进步。

量子计算是依照量子力学理论进行的新型计算。与经典计算不同，量子计算利用量子力学中的叠加态和纠缠态，实现信息的并行处理和高效存储。量子计算中的基本运算单元是量子比特（Qubit），它可以同时处于0和1的叠加态，而多个量子比特还能通过纠缠态实现信息的共同处理。这种特性使得量子计算机能够在同一时间探索所有可能的解决方案，从而极大地提高了计算效率。

在人工智能领域，量子计算的重要性不言而喻。首先，量子计算机可以并行处理数据，加速模型训练，这对于处理大规模数据集和复杂模型至关重要。在人工智能领域，这意味着可以更快地优化神经网络，提高图像识别、语音识别等任务的性能。其次，通过高效处理大规模数据，量子计算可以提高自然语言处理等的效率，同时利用量子态特性提高模式识别能力。这对于智能客服、智能推荐等应用场景具有重要意义，能够更准确地理解用户需求，提供更个性化的服务。最后，量子计算可以为人工智能引入新算法和模型，解决传统难题，并弥补算力不足，加速模型训练和推理。这有助于推动人工智能的进一步发展，拓展其应用范围，如医疗诊断、自动驾驶等领域。

量子计算的应用场景广泛且潜力巨大。在优化问题方面，量子计算能够解决传统计算机难以处理的复杂优化问题，如NP完全问题（即多项式复杂程度的非确定性问题，被公认为世界七大数学难题之一）和大规模组合优化。在物流、金融、交通等行业，这类问题具有广泛的应用价值。例如，在物流配送中，量子计算机可以在多项式时间内找到经过各城市的最短路线；在金融投资中，量子计算机可以找到最优投资组合，实现最大化回报和最小化风险；在机器学习领域，量子计算加速了深度学习和模型优化。通过高效实现矩阵运算，量子计算机可以加速神经网络的训练速度，从而获得更强大的深度学习模型。同时，量子计算还能处理高维数据，实现更精确的高维聚类分析和强化学习。在分子模拟方面，量子计算提高了化学反应和药物设计的精确性。通过计算分子间的相互作用力及其引起的运动变化，量子计算机可以模拟分子系统的动态演化过程，为新药研发提供有力支持。此外，量子计算还在气候科学、密码安全等领域展现出巨大潜力，它能够处理海量的气象数据，提高天气预报的准确性，并推动更加安全的加密算法的研发。

随着量子计算技术的不断突破，其应用场景也将不断拓展。将来，量子计算有望在医疗数据处理、药物研发模拟等方面实现广泛应用。未来，量子计算机更有望走向商业化，为各行各业带来颠覆性变革。若量子计算与量子通信相结合，则有望构建量子互联网，实现全球范围内的量子信息传输和安全通信。

量子计算正以前所未有的速度向前发展，它不仅是一种技术的革新，更是人类探索自然奥秘、推动社会进步的重要工具。在这个充满无限可能的时代，让我们一同期待并见证那些曾经只存在于科幻小说中的场景一步步变为现实。

思考练习

1. 单项选择题

（1）算法具有（　　）特征。

  A. 无限性　　　　　　B. 模糊性

  C. 有穷性　　　　　　D. 不确定性

（2）人工智能算法的发展史中，（　　）是人工智能的萌芽阶段。

  A. 20 世纪 60 年代至 70 年代

  B. 20 世纪 40 年代至 50 年代

  C. 20 世纪 80 年代至 90 年代

  D. 21 世纪初至今

（3）机器学习算法的类型不包括（　　）。

  A. 监督学习　　　　　B. 无监督学习

  C. 半监督学习　　　　D. 混合学习

（4）决策树算法中，（　　）是选取对数据具有分类能力的特征。

  A. 特征选择　　　　　B. 决策树的生成

  C. 决策树的剪枝　　　D. 数据预处理

（5）支持向量机算法的核心思想是找到一个最优的（　　）。

  A. 超平面　　　　　　B. 特征

  C. 模型　　　　　　　D. 算法

（6）卷积神经网络主要用于处理（　　）。

  A. 线性数据　　　　　B. 网格状结构的数据

  C. 时序数据　　　　　D. 文本数据

（7）循环神经网络的核心是（　　）。

  A. 隐藏状态　　　　　B. 输入层

  C. 输出层　　　　　　D. 卷积层

（8）生成对抗网络由（　　）两部分组成。

  A．生成器和判别器   B．卷积器和池化器

  C．编码器和解码器   D．隐藏层和输出层

（9）无人驾驶技术中，（　　）负责处理序列数据，捕捉序列中的长距离依赖关系。

  A．卷积神经网络   B．循环神经网络

  C．生成对抗网络   D．深度置信网络

2. 简答题

（1）人工智能算法与普通算法的主要区别是什么？

（2）简述机器学习在农业生产中判断苹果成熟度的应用。

（3）朴素贝叶斯算法"朴素"二字的由来是什么？

（4）决策树算法中信息增益和信息增益比的区别是什么？

（5）支持向量机算法在处理线性不可分问题时的解决方法是什么？

03

项目三 人工智能的支撑技术

　　支撑技术是指用于支持其他技术或系统运行的基础技术，通常包括数据处理、存储、传输和管理等方面的技术。例如，城市里四处可见的高楼大厦需要钢筋和混凝土的支撑才能承受极大的重量并抵御外部的压力。同样，人工智能的支撑技术则为人工智能提供了稳定、高效的运行环境，使其能够应对各种复杂和多变的任务。

　　本项目将对人工智能的支撑技术进行介绍，包括人工智能芯片、大数据、物联网、云计算等，这些软硬件技术为人工智能的开发、运行和优化提供了基础，也是推动人工智能发展的关键。

—— **学习目标**

1 熟悉人工智能芯片的含义、类型、组成、应用。
2 熟悉大数据的含义、处理流程、应用。
3 熟悉物联网的含义、层次结构、关键技术、应用。
4 熟悉云计算的含义、服务、部署、关键技术、应用。

—— **能力目标**

1 分辨哪些数据属于大数据。
2 辨认物联网在不同应用场景的原理。
3 使用百度网盘完成资源的传输与分享。

—— **素养目标**

1 提高数据敏感性，养成验证数据的良好习惯。
2 主动利用各种渠道学习人工智能相关的知识，积极拓宽知识面。

—— **思维导图**

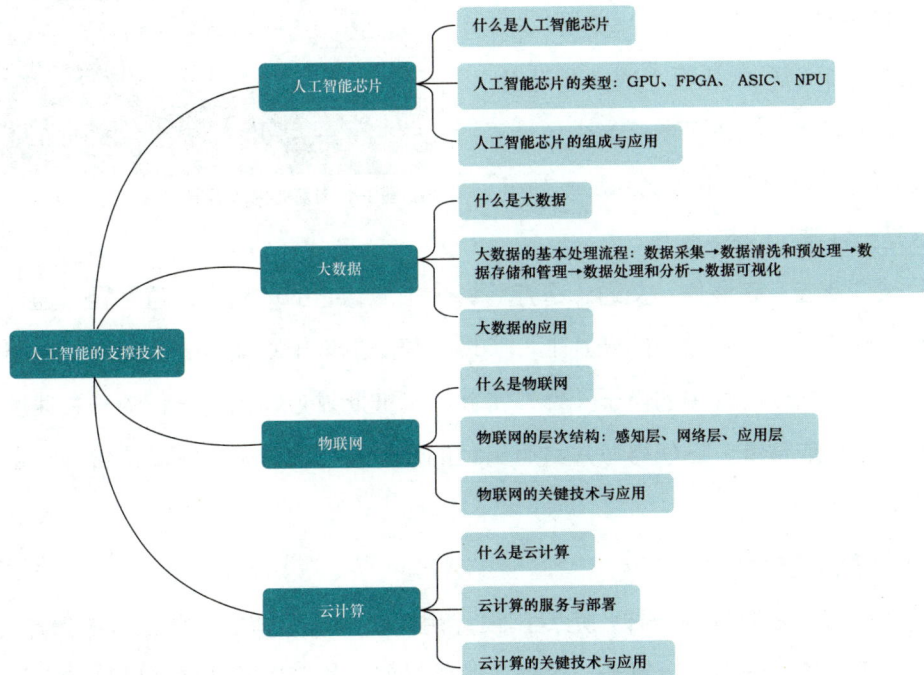

任务一　人工智能芯片

任务描述

人工智能芯片在推动人工智能的发展中扮演着至关重要的角色，是人工智能发展的底层基石。本任务将认识人工智能芯片，并通过观看视频资料，加强对人工智能芯片的认识和理解。

相关知识

一、什么是人工智能芯片

人工智能芯片作为人工智能技术的核心硬件，为各项人工智能技术的应用提供了强有力的支持。人工智能芯片是芯片的一种，我们需要先认识芯片这个概念，再学习人工智能芯片的相关内容。

1. 芯片

芯片是现代电子设备和计算系统的核心部件，也被称为集成电路（Integrated Circuit，IC）、微电路、微芯片，是一种将大量微小电子元件（如晶体管、电阻、电容等）集成在单个半导体基板（通常是硅片）上的微型电子电路。图 3-1 所示为个人计算机的中央处理器（Central Processing Unit，CPU），这是一种常见的芯片。

▲ 图 3-1　计算机中央处理器

芯片被广泛应用在通信、交通、医疗等各个领域，它的体积小、重量轻，通过将大量的电子元件集成在一个微小的硅片上，实现了复杂的电子功能，大大提高了电路的集成度和可靠性。由于芯片中的电子元件非常微小且彼此靠近，因此它们的开关速度非常快，消耗的能量非常低，这使得芯片具有出色的性能和稳定性，能够满足各种复杂电子系统的需求。

2. 人工智能芯片

人工智能芯片是芯片的一种，是专门设计用来执行人工智能计算任务的集成电路，也被称为人工智能加速器或计算卡，这类芯片是针对人工智能算法做了特殊加速设计的芯片。

由于人工智能算法通常需要处理海量数据并进行复杂的数学运算，这些运算对芯片的计算能力和数据传输速度提出了极高的要求。传统芯片虽然可以执行各种类型的计算任务，但其架构设计更侧重于通用性和逻辑性，无法高效处理大规模数据和完成复杂的计算任务，需要设计专门的人工智能芯片来满足人工智能的计算需求。

与传统芯片相比，人工智能芯片具有以下特性。

● 算法与芯片高度契合。人工智能芯片通常针对特定的人工智能算法进行特殊加速设计，这使得算法与芯片之间能够高度契合，更高效地执行深度学习等复杂计算任务，提升整体计算能力。

● 面向细分应用场景。人工智能芯片往往针对特定的应用场景进行定制，如语音识别、图像识别、视频监控等。这种定制化设计使得人工智能芯片在特定任务上能够发挥出更高的性能和效率。

● 高并行计算能力。与传统芯片相比，人工智能芯片具有更强的并行计算能力。在处理大规模数据或复杂神经网络时，人工智能芯片能够显著缩短计算时间，提高训练和推理速度。

● 低功耗设计。人工智能芯片往往采用低功耗设计，这不仅有助于延长设备的续航时间，还能降低系统的运行成本。

二、人工智能芯片的类型

人工智能芯片可以根据不同的设计架构分为不同的类型，其中较常见的有图形处理器、现场可编程门阵列、专用集成电路、神经网络处理器。

1. 图形处理器

图形处理器（Graphics Processing Unit，GPU）最初是为图形渲染设计的处理器，但其并行处理能力非常适合执行深度学习和其他人工智能任务。GPU拥有成百上千的核心，可以同时处理大量的计算任务，其高内存带宽特别适合处理需要大量数据交换的任务。

GPU广泛应用于深度学习的训练和推理，具有灵活性强的优点，可用于执行多种类型的人工智能任务。但对于特定任务来说，没有专用集成电路高效，功耗相对较高。

2. 现场可编程门阵列

现场可编程门阵列（Field Programmable Gate Array，FPGA）是一种可以通过编程定制硬件逻辑的芯片，允许用户在硬件级别上进行优化。FPGA可以快速适应算法变化，适合执行需要低延迟处理的任务。

FPGA 常用于人工智能算法的原型设计、硬件加速和特定的推理，具有灵活性高和可编程性的优点，但性能相对较低。

3. 专用集成电路

专用集成电路（Application Specific Integrated Circuit，ASIC）是为特定应用或算法定制的芯片，一旦制造完成，其功能就固定不变。这类芯片可以针对特定任务进行优化，可以提供极高的性能和能效比，适用于移动设备和边缘设备。

ASIC 可用于大规模部署的人工智能推理任务，如数据中心、智能手机、自动驾驶汽车等，具有针对性强和性能最优等特点，但开发成本相对较高、灵活性差，一旦需求变化，便可能需要重新设计。

> **AI 智慧讲堂**
>
> 移动设备是指可以随身携带并能够在移动状态下使用的计算设备，如智能手机、平板电脑、可穿戴设备等；边缘设备是指位于数据生成源和云端数据中心之间的计算设备，它们通常位于网络的"边缘"，如传感器、摄像头、网关等。

4. 神经网络处理器

神经网络处理器（Neural Processing Unit，NPU）是专门为加速神经网络运算而设计的芯片。与 GPU 相比，NPU 在神经网络推理和训练方面有着显著的性能优势。NPU 的特点在于其高度并行的计算单元和针对神经网络计算优化的指令集，这些特点使得这类芯片能够高效地执行卷积、矩阵乘法等神经网络中的核心运算，从而大幅提高计算速度和能效比。

NPU 广泛应用于深度学习模型的推理和训练，其优势在于高性能、低功耗和针对神经网络的优化设计。但 NPU 的设计相对复杂，研发和生产成本也相对较高。

三、人工智能芯片的组成

人工智能芯片的组成较为复杂，但主要归纳为以下几个核心部件。

1. 计算单元

人工智能芯片的计算单元是其核心组成部分，GPU、FPGA、ASIC、NPU 等都是人工智能芯片的计算单元，主要负责执行各种复杂的计算任务。计算单元通常支持高度的并行计算，能够同时处理多个任务或数据，并且能够针对特定的人工智能算法和模型进行优化，以提高计算效率和能效比。

2. 存储单元

人工智能芯片的存储单元是芯片中用于存储数据和指令的关键部分，对于提高人工智能训练和推理的性能至关重要。人工智能芯片的存储单元通常包括多种类型，以满足不同层级和速度的数据访问需求，如寄存器文件与计算单元紧密连接，用于高速存取数据；高速缓存器用于存储常用数据和指令，以加速数据访问；片外主存用于存储整个应用程序或其他软件环境。

3. 控制单元

人工智能芯片的控制单元主要用于解析指令、控制数据通路、协调各个功能模块的工作，并确保芯片能够按照预定流程进行工作，它需要处理复杂的指令流和数据流，以支持高效的计算和推理任务。人工智能芯片的控制单元通常包括指令寄存器、指令译码器、时序控制单元等。其中，指令寄存器用于存储当前需要执行的指令；指令译码器用于解析指令并生成相应的控制信号；时序控制单元则负责控制指令的执行顺序。

4. 输入输出接口

人工智能芯片的输入输出接口（I/O接口）是连接芯片与外部设备或系统的重要桥梁，它们负责数据的传输和交互。

输入接口主要用于接收来自外部设备或系统的数据、指令和信号，如数据接口、指令接口、通信接口等。其中，数据接口用于接收外部数据输入，如图像、视频、音频等多媒体数据以及传感器数据等；指令接口用于接收来自处理器或其他控制单元的指令，指导芯片内部的计算单元执行相应的操作；通信接口用于与其他设备或系统进行通信，如网络通信接口、无线通信接口等，使人工智能芯片能够与远程设备或云服务进行数据传输和交互。

输出接口主要用于将芯片处理后的数据、结果和信号输出到外部设备或系统，如数据输出接口、控制输出接口、状态输出接口等。其中，数据输出接口用于将处理后的数据输出到外部设备或系统；控制输出接口用于控制外部设备的操作，如驱动电机、调节传感器参数等；状态输出接口用于输出芯片的工作状态或错误信息，如温度监测、电压监测等，以帮助系统监控和管理芯片的工作状态。

AI智慧讲堂

除上述主要组成部分外，人工智能芯片还包括时钟管理系统、电源管理系统、散热系统等。时钟管理系统可以提供稳定的时钟信号，确保芯片内部各个模块同步工作；电源管理系统可提供稳定的电源供应，并优化功耗；散热系统可以确保芯片在高负荷运行时不会过热，保持性能稳定。

四、人工智能芯片的应用

人工智能芯片作为专门为人工智能应用而设计的芯片，其应用领域广泛且多样化。以下是人工智能芯片的一些常见应用领域。

- 智能制造领域。人工智能芯片在智能制造中发挥着重要作用，它通过优化生产流程、提高生产效率、降低生产成本，推动制造业向智能化、自动化的方向发展。例如，人工智能芯片可以应用于汽车制造生产线（见图3-2），实现自动化装配和智能监控，并通过实时采集和分析生产数据，预测设备故障、优化生产计划，自动调整生产线上的

▲ 图3-2　人工智能芯片应用于汽车制造生产线

机器人和自动化设备，以提高生产效率和产品质量。

- 智能驾驶领域。在智能驾驶领域，人工智能芯片的应用显著提升了自动驾驶系统的性能和安全性，它们能够高效处理来自传感器（如摄像头、雷达等）的大量数据，实现实时路况分析、障碍物识别、路径规划等操作。例如，某车企的自动驾驶系统就采用了高性能的人工智能芯片，能够实时处理来自多个传感器的数据，并做出准确的驾驶决策。人工智能芯片不仅提高了自动驾驶系统的安全性，还使得汽车能够在复杂道路环境中自主行驶。

- 智能医疗领域。人工智能芯片在医疗领域的应用前景十分广阔，包括辅助诊断、病理分析、新药研发等方面。通过处理与分析医疗图像和数据，人工智能芯片可以帮助医生更准确地判断病情、制订治疗方案，并加速新药研发和临床试验的进程。在医学影像分析方面，人工智能芯片可以自动化、高效化地分析X光、CT等医学影像，辅助医生发现异常、识别病灶，如阿里巴巴集团旗下的阿里健康公司开发的肺结节筛查系统可以在秒级别内对CT图像进行分割、定位、分类和风险评估，辅助医生诊断肺癌。

- 智能家居领域。采用人工智能芯片的家居设备会更加智能化和便捷化。采用人工智能芯片的智能音箱可以识别用户的语音指令并做出相应的回应；智能摄像头可以实时监测家庭安全情况并发送警报；智能照明系统可以根据环境光线与用户需求自动调节亮度和色温。例如，小米的智能音箱就采用了人工智能芯片，能够识别用户的语音指令并控制家中的其他智能设备，如智能灯泡、智能电视等，用户只需通过语音指令就可以实现设备的开关、调节音量等操作，极大地提高了生活的便捷性。

任务实施　观看人工智能芯片视频文件

世界人工智能大会（WAIC）携手央视网推出6集科学纪录片。请在央视网中搜索《AI风云会》，观看该系列纪录片的"人工智能芯片"一集，如图3-3所示，然后判断表3-1的表述是否正确，正确的标记"√"，错误的标记"×"。

芯片全自动FT（最终）测试
检测芯片是否有晶体管级别制造缺陷,并验证工作性能极限

▲ 图3-3 "人工智能芯片"视频画面

表 3-1　关于人工智能芯片的表述

表述	是否正确
人工智能大模型需要强大的算力支持，芯片则是这些海量算力的载体	
根据芯片部署地点的不同，人工智能芯片可以分为云端芯片和边缘芯片	
人工智能芯片可以通过组网的方式，将多颗芯片打造成一个一体化的算力集群，以获得更高的算力	
人工智能芯片的体积小巧，里面的晶体管数量也有限，一般不会超过10万个	
人工智能芯片被生产出来之后就可以量产并上市销售	
人工智能芯片在开机上电之前，需要进行点亮测试，检查电阻是否正常	
量产前，人工智能芯片往往需要经过一系列测试，检查芯片的性能是否达标	
人工智能芯片需要进行风洞测试，以便为芯片散热和实现最佳能效提供依据	
生产出来的人工智能芯片需要在不同的工作场景或工作负载下进行测试	

任务二　大数据

任务描述

数据是人工智能发展的"燃料"。人工智能算法不仅需要大量的数据训练模型，更需要高质量和多样性的数据提高模型的泛化能力，而大数据便具备其中的一些特征，可以为人工智能提供充足的"燃料"。本任务将学习大数据的相关内容，判断哪些数据是大数据，以巩固对大数据的理解，同时还将通过百度指数搜索"人工智能"，了解大数据的特点。

相关知识

一、什么是大数据

麦肯锡全球研究所对大数据的定义是：一种规模大到在获取、存储、管理、分析方面大大超出了传统数据库软件工具能力范围的数据集合，具有数据规模庞大、数据流转速度快、数据类型多样和价值密度低4个特征。

- 数据规模庞大。大数据通常指数据量巨大到传统的数据处理软件无法有效处理的数据集，其数据量一般在PB（Petabyte，拍字节）至EB（ExaByte，艾字节）级别。

知识拓展

字节详解

- 数据流转速度快。大数据的生成速度非常快，很多数据都是实时产生的，这需要数据处理系统能够快速响应和处理这些数据，以支持实时决策和分析。

- 数据类型多样。大数据包含多种类型的数据，如结构化数据、半结构化数据和非结构化数据。这种多样性使得数据分析更加复杂，同时也提供了更丰富的信息来源。

- 价值密度低。虽然大数据蕴含着巨大的价值，但并不是所有的数据都是有用的。实际上，大数据的大部分内容可能是冗余或者与分析目标无关的。因此，要从大数据中提取有价值的信息，需要采用高效的数据挖掘和分析技术。

AI智慧讲堂

结构化数据具有明确的字段定义和数据类型，如Excel电子表格中的数据表；半结构化数据具有一定的结构，但这种结构并不严格，包含一些可以识别的标签或标记来分隔数据元素，如XML文件（一种可扩展标记语言）；非结构化数据没有预定义的数据模型或结构，如文本、图像、音频、视频等多媒体数据。

二、大数据的基本处理流程

大数据处理是一个有序且系统的过程，旨在从海量的数据中提取到有价值的信息。大数据的基本处理流程通常分为数据采集、数据清洗和预处理、数据存储和管理、数据处理和分析、数据可视化等环节。

（1）数据采集。数据采集的主要目的是从各种数据源中收集、识别和记录数据。采集时应确保数据来源合法，可以借助ETL（提取、转换、加载）工具、网络爬虫工具、数据库管理系统等完成采集任务；同时还需要关注数据的格式、内容、精度、完整性以及数据的安全性，尽可能采集到高质量的数据。

（2）数据清洗和预处理。数据清洗和预处理的主要目的是对数据进行清洗、整合和变换，以提高数据的质量和可用性。例如，去除数据中的冗余和重复信息，对异常值进行去除或修正，对缺失值进行补充，将不同来源的数据整合成一致的格式等。

（3）数据存储和管理。数据存储和管理的主要目的是妥善保管清洗和预处理后的数据，以便对数据进行处理和分析。此时应注意选择合适的存储方式和格式存储数据，并关注数据的存储容量、数据的备份和恢复、数据的访问控制等问题，确保数据的安全性和可访问性。

（4）数据处理和分析。数据处理和分析的主要目的是通过各种算法和工具对数据进行分析，提取有价值的信息。处理和分析数据时可以使用分类、聚类等各种技术，同时还需要关注数据的可伸缩性、实时处理能力、处理精度以及处理的灵活性等方面，确保数据处理和分析的高效性和准确性。

（5）数据可视化。数据可视化的主要目的是将数据处理和分析的结果以可视化的方式呈现出来，以便更加直观地展示数据的特征和规律。用户可以借助表格、图表等可视化方式，准确且直观地展示数据结果，以便理解和利用数据，发现数据中的规律和趋势。

AI思考角

假设你在京东开设了一家店铺，现需要分析店铺客户的基本情况，请按照上述大数据的处理流程，介绍客户数据的处理流程。

三、大数据的应用

大数据广泛应用在多个领域，其具体的应用形式也多种多样。下面是大数据较常见的应用情况。

- 个性化推荐与精准营销。企业或机构通过分析客户的基本信息和具体行为，可以为客户推荐个性化的商品和服务，并针对不同客户采取不同的营销方式，提高客户的满意度和销售效率。

- 风险评估与信用评分。企业或机构利用大数据对客户的信用记录、交易行为、社交关系等数据进行分析，从而评估客户的信用风险并给出信用评分。

- 实时监控与异常检测。企业或机构可以通过收集和分析大量的数据，实时监控正在进行的工作状态，一旦发现数据异常，便能及时采取措施进行处理。

- 预测与决策支持。企业或机构可以通过大数据建立更加精准的数据模型，以便更好地预测未来数据，从而更充分地做好各项决策工作，迎接未来的挑战。

- 改善与优化运营。企业或机构可以通过分析各个运营环节的数据，发现问题和规律，从而找出改善与优化各个运营环节的方法。

任务实施

任务实施 1　分辨哪些数据属于大数据

大数据并不等同于海量数据，"海量"只是大数据的一个特征。为了更好地认识、理解大数据，本任务列举了各种不同类型的数据，请判断哪些数据是大数据，并将判断结果填写在表 3-2 中。

表 3-2　不同类型的数据

数据类型	描述	是否是大数据	判断依据
社交媒体数据	微博、微信等平台上的用户生成内容	是	大量用户生成的数据，规模大、流转快、种类多、价值密度低
电商交易数据	电商平台上的用户购买记录、浏览历史等		
传感器数据	物联网设备收集的温度、湿度、位置等数据		
医疗健康数据	患者的电子病历、诊断报告、治疗记录等		
教育学习数据	学生的学习成绩、作业完成情况等		
企业 CRM 数据	客户关系管理系统中的客户信息、互动记录等		
政府统计数据	人口普查数据、经济指标数据等		

任务实施2　使用百度指数搜索人工智能

操作视频

百度指数是一个以百度海量网民行为数据为基础的数据分析平台，具有广泛的应用场景和实用价值。无论是个人还是企业，都可以通过百度指数获取有价值的信息和资讯，助力决策和营销。本任务将使用百度指数搜索"人工智能"关键词，并查看搜索结果，具体操作如下。

使用百度指数
搜索人工智能

（1）在浏览器中搜索"百度指数"，在搜索结果页面中单击 进入官网 按钮，登录百度账号，进入百度指数首页，在文本框中输入"人工智能"关键词，按【Enter】键，如图3-4所示。

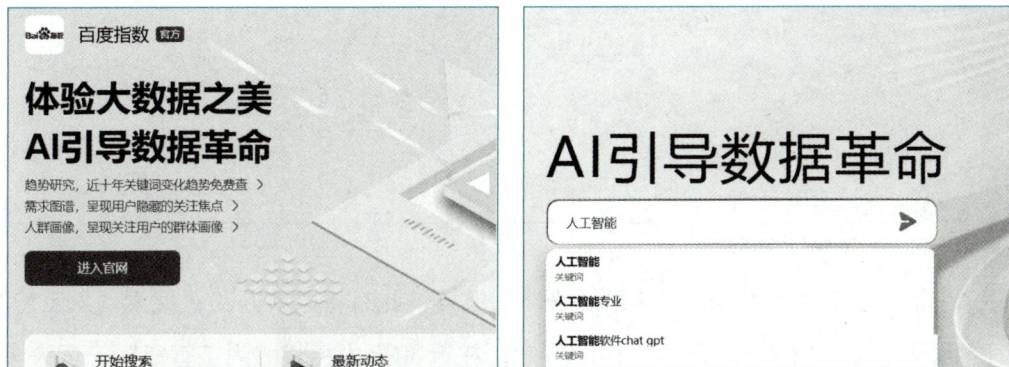

▲ 图3-4　进入百度指数首页并搜索关键词

（2）此时页面将显示近30天"人工智能"关键词的搜索指数，如图3-5所示。由图可知，"人工智能"一词的搜索热度具有明显的增减规律，在连续3天出现较高的搜索热度后，紧接着就会有1天搜索热度迅速降低。出现这种现象是多种因素共同作用的结果，如周期性事件或报道、社交媒体效应、公众兴趣和关注度的周期性变化，以及搜索习惯与行为模式变化等。

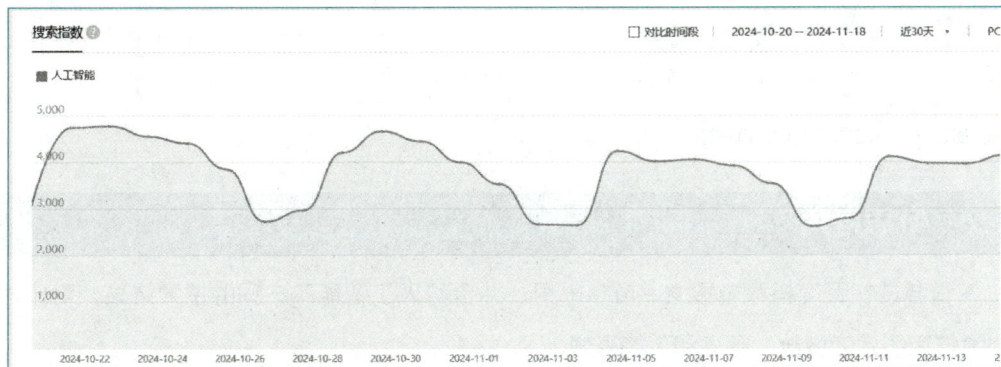

▲ 图3-5　"人工智能"的搜索指数

（3）在页面上方单击"需求图谱"超链接，此时将显示近7天"人工智能"一词的需求情况，如图3-6所示。图中越靠近圆心的关键词，它与"人工智能"一词的相关性就越高；各个关键词的圆形标记越大，表明该关键词的搜索指数越高；绿色的圆形标记表示该关键词与上周相比搜索趋势下降，红色的圆形标记则表示搜索趋势上升。由图可知，"AI"一词是近7天搜索指数最高的关键词，而与"人工智能"相关性最高的关键词是"人工智能电影""人工智能AI软件"等。

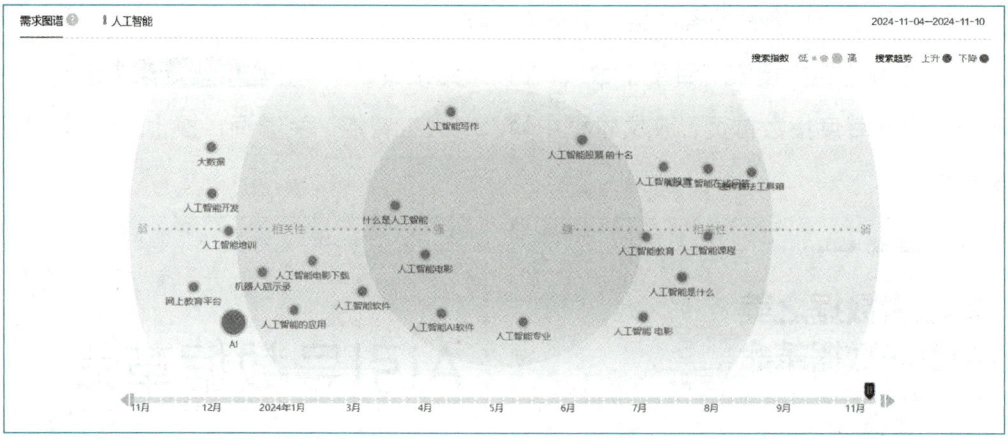

▲ 图3-6 "人工智能"的需求图谱

（4）继续在页面上方单击"人群画像"超链接，此时将显示近30天搜索"人工智能"一词的用户情况，如图3-7所示。由图可知，在近30天内搜索"人工智能"一词大多为20～29岁的用户，其次是30～39岁的用户；在所有用户中，男性用户的占比接近60%，女性用户的占比相对较低。

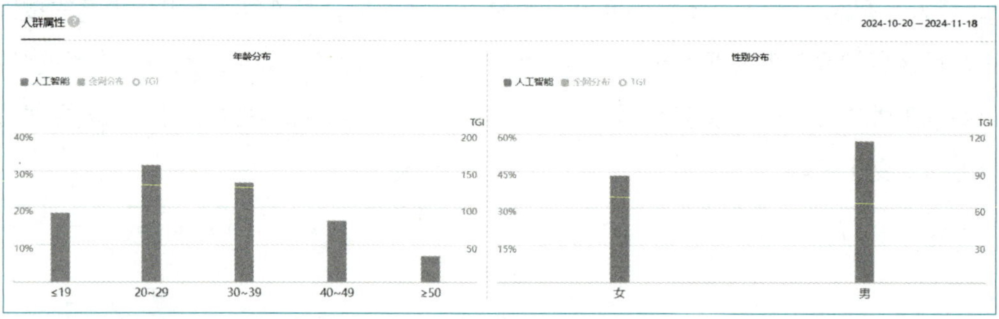

▲ 图3-7 "人工智能"的人群属性

🔍 AI思考角

请尝试在百度指数中搜索"AI"一词，结合"人工智能"一词的搜索结果，对比两个关键词的搜索指数、需求和人群画像。

任务三　物联网

任务描述

物联网为人工智能提供了数据资源、拓展了应用场景、提供了智能决策支持，是人工智能发展的重要技术支撑。本任务将深入了解物联网，并通过学习物联网的应用实例理解物联网的应用原理。

相关知识

一、什么是物联网

物联网（Internet of Things，IoT）即万物相连的互联网，指把各种物品通过传感器、射频识别、红外感应器、全球定位系统、激光扫描器等信息传感设备与互联网连接起来，进行信息交换和通信，实现智能化识别、定位、跟踪、监控和管理，或提供相应服务。物联网的特征主要包括以下几个方面。

* 全面感知。物联网利用传感器、射频识别、红外感应器、全球定位系统、激光扫描器等信息传感设备随时随地获取物体的信息，实现对物理世界的全面感知。

* 可靠传输。物联网通过各种通信技术，如Wi-Fi、蓝牙、移动通信、卫星通信等，确保数据的稳定与可靠传输。

* 智能处理。物联网运用人工智能等技术对收集的数据进行处理和分析，实现智能化的控制和管理。

* 异构化。物联网中的接入对象复杂多样，包括计算机、手机、传感器、仪器仪表、摄像头等信息传感设备，这些设备可能采用不同的通信协议、数据格式、传输速率等，但物联网能够使用异构网络融合方法和技术，可以很好地将这些设备进行融合与互联。

* 互联性。物联网的核心仍然是互联网，但它的用户端延伸和扩展到任何物品与物品之间，实现了更广泛的物物相连。

二、物联网的层次结构

物联网的层次结构分为感知层、网络层、应用层3个层次，如图3-8所示。

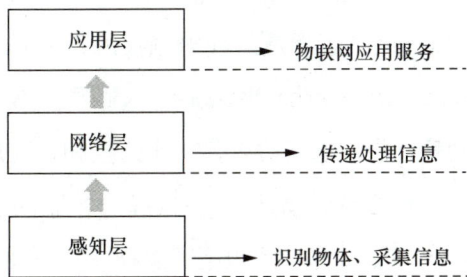

▲ 图3-8　物联网的层次结构

1. 感知层

感知层是最接近物理世界的层次，主要由各种传感器和执行器组成。传感器负责收集环境信息，如温度、湿度、位置、速度等；而执行器则用于控制物理设备。感知层的主要功能是识别物体和采集信息，并通过传感器网络将信息发送到网络层。

2. 网络层

网络层负责将感知层收集的信息传输到远端的服务器或云平台，它包括各种通信网络，如局域网、广域网、互联网以及移动通信网络等。网络层还涉及数据传输的协议和标准，以及数据在传输过程中的处理和安全问题。

3. 应用层

应用层是物联网体系结构的最顶层，它直接面向用户的具体应用需求。在这一层次，物联网可以对收集的数据进行处理和分析，以实现智能化的决策和控制。应用层包括各种物联网应用服务，如智能交通、智能家居、智能医疗、智能电网等。

三、物联网的关键技术

物联网的关键技术包括传感器技术、通信网络技术、安全与隐私保护技术、嵌入式计算技术、射频识别技术以及微电子机械系统等，这些技术的有机结合和应用推动了物联网的快速发展和广泛应用。

- 传感器技术。传感器是物联网连接实体世界与数字世界的重要桥梁，它能够感知环境中的物理量，如温度、湿度、光照、压力、加速度等，并将其转化为可读取的数字信号，为物联网提供数据来源。图3-9所示为监测桥梁承受压力和变形程度的传感器。

▲ 图3-9 监测桥梁承受压力和变形程度的传感器

- 通信网络技术。物联网设备需要通过通信网络进行数据传输和互联。无线射频技术、移动通信网络、低功耗广域网络等，都是物联网常用的通信网络技术。生活中常见的Wi-Fi、蓝牙是无线射频技术，5G网络是移动通信网络，LoRaWAN（Long Range Wide Area Network，长距离广域网）则是一种基于LoRa射频技术的低功耗、广域通信协议，用于连接和管理广域范围内的LoRaWAN设备。

知识拓展

LoRaWAN

- 安全与隐私保护技术。物联网涉及大量的设备和数据的互联互通，安全与隐私保护问题不容忽视。物联网的安全与隐私保护技术包括身份认证、数据加密、访问控制、漏洞检测与修复等，这些技术能够保护物联网系统的安全性和用户的隐私。

- 嵌入式计算技术。嵌入式计算技术是将计算机技术应用于特定领域的技术，通过将计算机系统集成到其他设备中，实现对设备的智能化控制。在物联网中，嵌入式计算技术使得物联网设备能够具备数据处理和通信能力，从而实现智能化连接和远程控制。

- 射频识别（Radio Frequency Identification，RFID）技术。RFID技术是一种利用无线电波进行自动识别和跟踪的技术。最基本的RFID系统由标签、读写器和天线组成，通过无线电波实现标签与读写器之间的非接触式数据通信，天线则负责在标签和读写器之间传递射频信号。RFID技术具有非接触性、快速识别和环境适应性等特点，在物联网中广泛应用于物品追踪、库存管理和智能物流等领域。

- 微电子机械系统（Micro Electro Mechanical Systems，MEMS）。MEMS是一种将微型机械加工技术和微电子技术结合在一起的技术。MEMS设备通常具有极小的尺寸，能够在微米甚至纳米级别上进行操作。通过微型机械结构和电子电路的集成，MEMS设备可以实现对物理量的高精度检测和控制。在物联网中，MEMS技术被广泛应用于传感器制造和智能设备中。

四、物联网的应用

物联网的应用场景非常广泛，涵盖家居、城市、工业、农业、物流、医疗、交通、零售等各个领域。

- 智能家居。通过物联网技术，家庭中的灯光、家电、安全系统等设备都可以实现远程控制和自动化管理。例如，使用智能手机或语音助手控制家中的智能灯泡、智能插座、智能门锁等设备，通过智能安防系统监控家庭安全。

- 智慧城市。物联网技术可以应用于城市管理和服务领域，实现智慧交通、智慧能源、智慧环保、智慧公共安全等，提高城市的管理效率和居民生活质量。例如，智能交通系统可以利用物联网技术优化交通流量管理，提高交通效率和安全性。

- 工业自动化与智能制造。通过物联网技术，工业设备可以实现远程监控、数据采集和分析，从而提高生产效率和管理水平。例如，在智能制造方面，通过安装传感器进行远程控制与监控工业设备，实现对工业设备的预测性维护和故障预警，降低设备停机时间和维修成本。

- 农业与环境监测。物联网技术在农业种植、养殖等方面有极大的帮助，可以实现农业自动化并提高农业生产效率。例如，物联网技术可以实时监测农田的温度、湿度和土壤酸碱度等环境参数，以及家禽的状态等，这些数据能够帮助农户进行科学评估，合理安排施肥、灌溉等农业生产活动。另外，物联网技术还可以用于气象监测、水质监测等环境保护方面，为环境保护和资源可持续利用提供支持。

- 物流与供应链管理。物联网技术可以应用于物流与供应链管理中，实现物品的追踪、监测和管理。例如，利用RFID技术、GPS传感器等实时追踪货物的位置和状态，提高物流运输的效率和可靠性。

- 智能医疗。在医疗领域应用物联网技术，可以实现远程医疗、智能诊断、智能监护等。例如，智能医疗设备可以对患者的生理状态进行捕捉，并将生命指数记录到电子健康文件中。

- 智能交通与车联网。物联网技术可以应用于交通领域，实现智能交通管理和车辆自动驾驶等。例如，车联网可以实现车辆之间的通信和协作，提高交通安全性和效率，并用于车辆远程监控、智能驾驶辅助和紧急救援等方面。

- 零售与消费者应用。物联网技术在零售业和消费者应用方面也有着广泛的应用前景。例如，智能支付系统、智能购物车等物联网设备可以为消费者提供更便捷、更智能的购物体验。

任务实施　分析物联网在不同应用场景的应用原理

物联网的应用主要通过部署传感器、RFID标签、二维码等识别并采集数据，然后在边缘设备上对数据进行初步处理，接着通过网络技术将数据传输到数据平台，再对数据进行深入分析和挖掘，最后基于分析结果，系统自动做出决策或提供决策支持。表3-3为物联网的一些应用场景，请结合所学知识与你对人工智能和物联网的了解，完善物联网在各个应用场景的应用原理。

表 3-3　物联网的应用场景与应用原理

应用领域	应用场景	应用原理
智能家居	通过智能手机应用控制灯泡的开关和亮度	智能手机将指令发送给智能灯泡，智能灯泡中的无线通信模块和微处理器接收指令并实现开关的控制和亮度的调节
智能农业	智能灌溉系统根据土壤情况自动执行灌溉操作	
智能交通	智能交通信号灯自动控制灯光时序，减少交通拥堵，提高道路通行效率	
智能制造	工业设备自动发出维护警告，企业得以提前安排维修	
智能医疗	医生远程监控患者的健康状况，及时做出医疗干预	

任务四 云计算

任务描述

云计算为人工智能的发展提供必要的资源、平台和服务，这极大地提高了人工智能的研究和开发效率。本任务将全面了解云计算，然后体验使用百度网盘传输和分享资源的基本操作。

相关知识

一、什么是云计算

云计算是一种基于互联网的计算模式，它通过网络中央的一组服务器将计算、存储、数据等资源以服务的形式提供给请求者，以完成信息处理任务。用户无须关心云计算涉及的底层硬件的维护和管理，只需通过互联网使用这些资源。

假设有一家小型创业公司，这家公司的主要业务是开发一款在线协作软件，允许用户在线编辑文档、表格和演示文稿。为此，这家公司需要大量的服务器资源来支持软件的运行和数据处理，也需要足够的带宽来保证用户访问的速度，更需要相应设备保证用户数据的安全性和软件的稳定性。

考虑到自身的规模和财力等实际情况，该公司决定不自己购买和维护服务器硬件，而是选择使用云计算服务提供商的服务，即租用云计算服务提供商的虚拟服务器、存储空间和网络资源。这些资源位于云计算服务提供商的数据中心，由提供商负责维护和管理底层硬件。公司的开发团队通过互联网访问这些虚拟服务器，部署和运行他们的在线协作软件，用户在使用软件时，无须知道背后服务器和存储设施的具体位置与配置，只需通过互联网连接到云计算服务提供商的云平台获取和使用资源。

二、云计算的服务

云计算提供的服务较多，主要包括基础设施即服务、平台即服务以及软件即服务3种。

1. 基础设施即服务

基础设施即服务（Infrastructure as a Service，IaaS）提供虚拟化计算资源，如虚拟机、存储、网络等，用户可以远程访问这些资源并管理自己的操作系统、应用程序和数据库。IaaS的灵活性高，使用该服务的企业可以根据需求快速拓展或缩减资源，并可按使用量付费，无须大规模进行前期的硬件投资。IaaS适用于需要灵活管理互联网技术基础设施的企业，如初创公司、中大型企业等。

2. 平台即服务

平台即服务（Platform as a Service，PaaS）提供一个包含操作系统、编程语言执行环境、数据库和网站服务器等内容的平台，用户可以在平台上部署、管理和运行自己的应用程序。PaaS简化了开发流程，提供开发工具、数据库管理、业务分析工具等一系列实用工具，使用该服务的企业无须关心底层硬件和操作系统的维护，提高了应用程序的开发效率。PaaS适用于开发人员和程序员，特别是那些希望快速开发和部署应用程序的团队。

3. 软件即服务

软件即服务（Software as a Service，SaaS）提供完整的软件应用程序，用户无须在本地安装或维护软件，通常可以通过网页浏览器访问这些应用程序，所有操作都在云端进行。SaaS使得企业降低了软件的本地部署和维护成本，即开即用，软件自动进行更新和维护，适用于需要经常使用各种类型软件，如企业资源计划（Enterprise Resource Planning，ERP）、客户关系管理（Customer Relationship Management，CRM）和办公软件的企业。

> **素养天地**
> 云计算服务为大量企业和个人用户提供了便利，但也为不法分子提供了违法渠道，如传播恶意软件和木马病毒，散布违法内容等。为避免不法分子有机可乘，一方面，云计算服务提供商要完善安全管理体系；另一方面，用户在使用云计算服务时，应加强专业知识与技能素养、职业道德与规范、安全意识与责任以及持续学习与提升等方面的素养或道德规范，这不仅有助于更好地利用云计算服务提高工作效率和质量，也有助于维护网络安全和保障自身权益。

三、云计算的部署

云计算的部署是指将计算资源、应用程序、数据存储等通过互联网以服务的形式提供给用户的过程，不同的部署对云计算基础架构提出了不同的要求。云计算的主要部署模式有公共云、社区云、私有云和混合云。

1. 公共云

公共云（Public Cloud）是由第三方云服务提供商建立和维护的云基础设施，用于向广大公众或各类组织提供数据存储、应用程序运行和资源管理等服务。公共云主要指为外部客户提供服务的云，它所有的服务都是供别人使用的。

公共云的优势在于，用户可以从任何地方通过网络接入和使用云服务，这使得用户可以轻松地进行远程访问、管理与使用云平台上的资源和应用程序。

同时，公共云由云服务提供商负责管理和维护基础设施和服务，包括硬件设备的维护、升级、安全性监控以及软件平台的管理和更新等。用户无须关心底层基础设施的运维工作，可以将更多精力放在业务开发和管理上。

2. 社区云

社区云（Community Cloud）是基于云计算架构，在一个特定的社区或行业内部共享和使用的云服务平台。社区云专门给固定的几个用户使用，而这些用户对云端有着相同诉求，云端的所有权、日常管理和操作的主体可能是本社区内的一个或多个单位，也可能是社区外的第三方机构，还可能是二者的联合。

相较于公共云，社区云由特定社区或行业的组织共同所有和共享，能提供更高级别的安全性和隐私保护，同时可以基于社区用户对云计算的共性需求，提供特定社区或行业所需的定制化功能和工具，使社区用户可以更好地协同工作、共享信息和知识。

3. 私有云

私有云（Private Cloud）是由单个组织专门建立和维护的云基础设施，用于该组织内部的数据存储、应用程序运行和资源管理等。

私有云的基础设施和资源完全由一个组织或企业独立拥有和使用，这意味着该组织对云具有绝对的控制权，可以在私有云中实施数据隔离、应用程序隔离和网络隔离等措施，以确保数据的安全性和私密性。同时，私有云具有更高程度的可定制性，组织可以根据自身需求和业务模型设计、配置与管理私有云。

4. 混合云

混合云（Hybrid Cloud）是结合私有云和公共云的特点与功能，同时在组织内部和外部部署与管理多个云环境的云计算部署模式。

混合云允许用户根据需求和要求将关键数据与应用程序部署在私有云或公共云中。敏感数据和核心业务可以放置在私有云中，以获得更高的安全性和隐私保护；而非敏感数据和非核心业务可以放置在公共云中，以获得更好的扩展性和成本效益。同时，混合云具有更好的灾备和容灾能力，关键数据和应用程序可以备份到不同的云环境中，以防止因单一云环境的故障或灾害造成数据丢失和业务中断。

AI智慧讲堂　　灾备与容灾是信息系统在灾难发生时保持业务连续性和数据完整性的两个关键概念。灾备的主要目的是确保数据的安全和恢复能力，它通过定期备份数据来防止因操作失误、系统故障或逻辑错误导致的数据丢失；容灾的目的是在灾难发生时，保证系统的业务能够持续不间断地运行，它强调在灾难发生时，系统的数据尽量少丢失且业务能够持续运行。

四、云计算的关键技术

云计算的关键技术是支撑整个云计算架构和服务模型的基础，主要包括虚拟化技术、分布式存储、分布式计算、信息安全技术、网络技术等。

1. 虚拟化技术

虚拟化技术是一种将物理资源（如服务器、存储和网络）进行抽象和隔离的技术。它通过软件层面的虚拟化管理器将物理资源划分为多个独立、相互隔离的虚拟资源，使得多个操作系统和应用程序能够共享同一套物理资源，从而提高资源利用率和灵活性。

具体来说，虚拟化技术可以让云计算服务提供商将一台物理服务器划分为多个虚拟机，每个虚拟机都可以作为一个独立的服务器，运行独立的操作系统和应用程序，不受其他虚拟机的影响，这样每一个用户都可以获得自己的虚拟机来运行他们的应用程序，如图3-10所示。

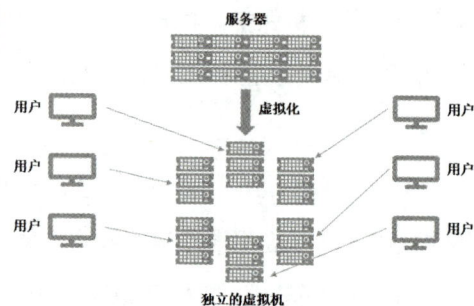

▲ 图3-10　虚拟化技术与云计算

云计算借助虚拟化技术，对物理资源进行池化（即划分为若干个子区域）和管理，从而实现资源的高效利用和灵活调度，并且可以将物理资源划分为更小的、可独立运行的单元，为多个用户提供隔离环境，增强了云计算的安全性和可靠性。

2. 分布式存储

分布式存储就是将数据划分为多个部分，并将每个部分存储在不同的物理节点上，其具有以下优势。

- 高可靠性。当一个节点发生故障或不可用时，系统仍然可以通过其他节点上的数据进行访问，保证数据的可靠性和可用性。

- 高性能。系统可以并行访问多个节点上的数据，提高数据的读写速度和吞吐量。

- 可扩展性。通过在系统中添加更多的节点，扩展存储容量和存储性能，以满足不断增长的数据需求。

- 负载均衡。系统可以自动将数据分散存储在不同的节点上，从而实现负载均衡，避免单一节点成为性能瓶颈。

例如，一个企业正在使用云计算平台运行其业务应用程序，这些应用程序需要存储并访问大量的数据，如用户文件、数据库文件等。为了满足存储需求，云计算平台便使用分布式存储技术，将数据分散存储在多个存储节点上，构建一个高可靠性、可扩展性和弹性的存储系统。当用户上传文件时，文件会被拆分成多个块，并分别存储在不同的节点上。当用户访问文件时，云计算平台会根据文件的位置信息，从相应的存储节点检索数据，并将其传输到用户的云服务器。这样，分布式存储系统便提供了高性能的数据存储和访问服务，支持应用程序在云计算环境中运行。

3. 分布式计算

分布式计算是一种将计算任务分解成多个子任务，并通过多个计算节点（通常是网络中的不同计算机）协同工作来完成任务的计算模型。云计算利用分布式计算的理念和技术，组织与管理底层的计算节点和资源，以提供高效可靠的计算服务。它将用户的大量计算需求分割成多个子任务，分配给多台服务器分别计算，计算完成后再上传运算结果，由系统统一合并得出数据结论，最后反馈给用户，具体流程如图3-11所示。

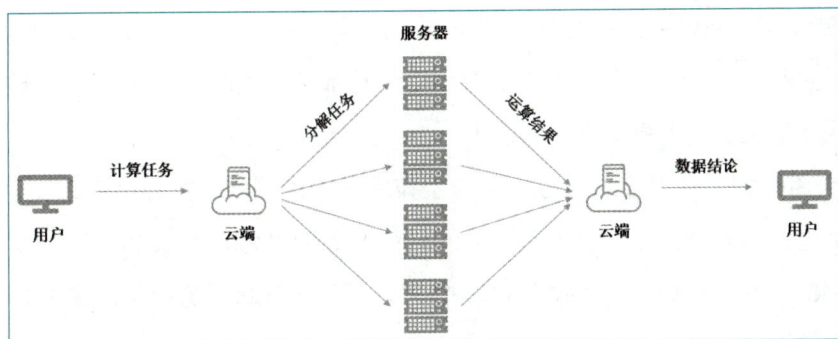

▲ 图3-11 分布式计算流程

分布式计算具有以下优势。

- 并行计算。分布式计算允许多个计算节点同时执行不同的子任务，以实现更快的计算速度和更高的计算能力。通过并行计算，可以将大规模的计算问题分解成小块，并在多个节点上同时进行处理。

- 高可靠性。分布式计算系统通常包含多个计算节点，当一个节点发生故障或不可用时，其他节点仍然可以继续工作，确保计算任务的可靠性和完成度。

- 资源共享。分布式计算系统中的计算节点可以共享资源，如内存、存储和计算能力。这样可以更好地利用资源，提高整体计算效率和性能。

- 可扩展性。通过增加计算节点，分布式计算系统可以轻松扩展以适应不断增长的计算需求。新节点的加入可以提升分布式计算系统的计算能力，从而更好地应对大规模计算任务的挑战。

- 容错性。分布式计算系统通常采用容错机制，能够处理节点故障、网络中断等意外情况。通过备份数据和任务、冗余计算节点以及检测和恢复机制，计算的正确性和可

Fundamentals and Applications of Artificial Intelligence

靠性可以得到有效保证。

4. 信息安全技术

在云计算环境中，大量的敏感数据存储在第三方云服务提供商的服务器上，为了确保数据不被泄露或被未经授权的用户访问，防止数据被篡改或意外修改，避免数据因遭遇恶意攻击、系统故障或自然灾害而丢失等，云计算服务提供商往往会采用多种信息安全技术，以保护云计算环境中的数据和系统安全。常用的云计算信息安全技术有以下几种。

- 身份和访问管理。通过身份验证和访问控制技术验证用户的身份并限制其对云资源的访问。其采用强密码、多因素认证、单一登录（Single Sign-On，SSO）等措施来确保只有授权用户可以访问敏感数据和系统。

- 数据加密。通过数据加密技术保护在云计算环境中传输和存储的数据。加密可以在数据传输过程中进行，也可以在数据存储时进行加密。同时，为了保护数据的完整性，还可以使用数字签名和消息认证码等技术。

- 安全监控和事件响应。通过安全监控技术实时监测云计算环境中的安全事件和异常活动。通过日志分析、入侵检测系统（Intrusion Detection System，IDS）、入侵防御系统（Intrusion Prevention System，IPS）等技术，帮助云计算服务提供商发现潜在的威胁，并采取及时的响应措施。

- 隔离和虚拟化安全。由于云计算环境中存在多租户共享资源的情况，因此需要确保不同用户和应用程序之间的隔离性。这可以通过虚拟化技术的沙箱环境（Sandbox Environment）来实现，以防止来自恶意用户或应用程序之间的干扰和攻击。

知识拓展

沙箱环境

- 安全审计和合规性。云计算环境中的安全审计技术用于记录与监控系统中的安全事件和操作活动。这有助于云计算服务提供商追踪和分析潜在的威胁，并确保服务符合法规和合乎要求。

- 灾难恢复和备份。灾难恢复和备份技术用于保护云计算环境中的数据免受自然灾害、硬件故障或人为错误的影响。定期备份和建立灾难恢复计划，可以最大程度地降低数据丢失和服务中断带来的风险。

5. 网络技术

无论哪种云计算服务模式，哪种云计算部署方式，用户和云端始终要靠网络进行通信与数据传输，因此网络技术是云计算的底层基础技术之一。常见的网络技术有以下几种。

- 广域网（WAN）。广域网是一个覆盖范围广泛的网络，可以连接不同地理位置的计算设备。在云计算中，广域网用于连接用户与云服务提供商之间的数据传输，通过互联网实现远程访问和通信。

- 局域网（LAN）。局域网是连接在一个有限区域内的计算设备的网络，通常应用于家庭、办公室或校园等环境。在云计算中，局域网用于建立用户内部的网络连接，以便实现内部资源共享和通信。

- 软件定义网络（SDN）。软件定义网络是一种新兴的网络架构，它将网络控制平面与数据转发平面分离，并通过中央控制器集中管理和配置网络设备。SDN可以提供更灵活、可编程和可扩展的网络架构，为云计算提供高度可控和可定制的网络连接。

- 虚拟专用网络（VPN）。虚拟专用网络是一种通过公共网络创建私密连接的技术。通过使用加密协议和隧道技术，VPN可以在公共网络上建立安全的通信通道，保护用户数据的机密性和完整性。在云计算中，VPN被广泛应用于远程访问和连接不同地点的用户与云服务提供商之间的通信。

五、云计算的应用

随着云计算技术产品、解决方案的不断成熟，云计算的应用领域也不断扩展，衍生出云制造、环保云、物流云、云安全、云存储、云医疗、云金融、云教育、移动云计算等各种功能，对医药医疗领域、制造领域、金融与能源领域、电子政务领域、教育科研领域的影响巨大，也为电子邮箱、数据存储、虚拟办公等提供了非常大的便利。

1. 云安全

云安全融合并行处理、网格计算、未知病毒行为判断等新兴技术和概念，理论上可以把病毒的传播范围控制在一定区域内，并且整个云安全网络对病毒的上报和查杀速度非常快，在反病毒领域中意义重大。

云安全系统的建立并非轻而易举，要想保证系统正常运行，不仅需要海量的用户端、专业的反病毒技术、大量的资金投入，还必须提供开放的系统，让大量合作伙伴加入。目前，我国主要的云安全服务商有华为、腾讯、阿里巴巴、百度等。

2. 云存储

云存储可将储存资源放到"云"上供用户存取。云存储通过集群应用、网络技术和分布式文件系统等功能，将网络中大量不同类型的存储设备集合起来协同工作，共同对外提供数据存储和业务访问功能。通过云存储，用户可以在任何时间、任何地点，将任何可联网的装置连接到"云"上存取数据。常见的云存储产品包括百度网盘、夸克网盘、阿里云盘、坚果云等。同时，各大通信服务商也推出了自己的云存储产品，如中国移动的"中国移动云盘"、中国电信的"天翼云盘"、中国联通的"联通云盘"等。各大手机厂商也纷纷推出了云盘产品，如华为云空间、小米云盘等。

3. 云医疗

云医疗指在利用云计算等新技术的基础上，结合医疗技术创建医疗健康服务云平台，实现医疗资源的共享和医疗范围的扩大。云医疗可以有效提高医疗机构的效率，方便居民就医。例如，医院的预约挂号、电子病历等的实现都得益于云医疗。除此之外，云医疗还具有数据安全、信息共享、动态扩展、布局全国等优势。

4. 云金融

云金融指利用云计算的模型，将信息、金融和服务等功能分散到互联网"云"中，旨在为银行、保险和基金等金融机构提供互联网处理与运行服务，同时共享互联网资源，从而解决现有问题并且达到高效率、低成本的目的。例如，阿里金融、苏宁金融、腾讯等企业推出的金融云服务。

5. 云教育

云教育就是教育信息化的一种发展。具体来说，云教育可以将需要的任何教育硬件资源虚拟化，然后将其上传到互联网中，为教育机构、学生和老师提供方便快捷的平台。例如，慕课就是云教育的代表之一，它旨在通过互联网向广大公众提供教育资源。慕课打破了地域和经济条件的限制，为更多人提供了接受高质量教育的机会，它的出现改变了传统教育模式，有力地推动了教育资源的公平分配和普及。

任务实施　使用百度网盘传输与分享资源

操作视频

使用百度网盘
传输与分享
资源

百度网盘是百度公司推出的一款云存储服务产品，它为用户提供了一个在线存储平台，可以用来存储、备份、分享和同步各种类型的文件。百度网盘运用分布式存储技术，将用户数据分散存储在多个物理服务器上，确保数据的可靠性和访问速度。本任务将使用百度网盘上传并分享资源，具体操作如下。

（1）在计算机中下载并安装百度网盘软件，启动该软件，注册账号后登录，在首页单击 上传 按钮，如图3-12所示。

（2）打开"请选择文件/文件夹"对话框，选择需要上传的文件，这里选择一个安装程序文件，单击 存入百度网盘 按钮，如图3-13所示。

（3）百度网盘开始上传文件，上传完成后选择该文件，单击上方的 分享 按钮，如图3-14所示。

（4）打开"分享文件"对话框，设置分享方式，这里选中"有效期"栏中的"永久有效"单选项，其余参数保持默认，单击 创建链接 按钮，如图3-15所示。

▲ 图3-12 单击"上传"按钮

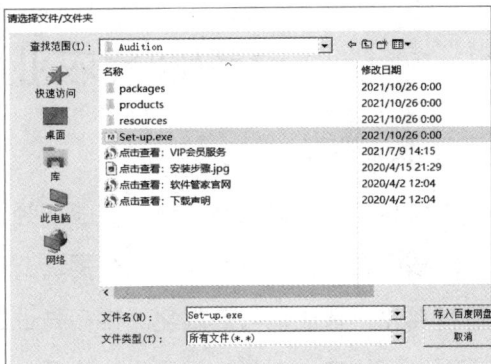

▲ 图3-13 选择文件

▲ 图3-14 分享文件

▲ 图3-15 创建分享链接

（5）此时对话框中显示文件的分享链接和提取码，直接单击 复制链接及提取码 按钮，如图3-16所示。

（6）打开QQ，选择分享对象，在聊天界面下方的文本框中按【Ctrl+V】组合键粘贴复制的分享链接和提取码，按【Enter】键发送，如图3-17所示。对方单击该链接便可打开百度网盘的提取网页，输入提取码后便可下载文件。

▲ 图3-16 复制链接及提取码

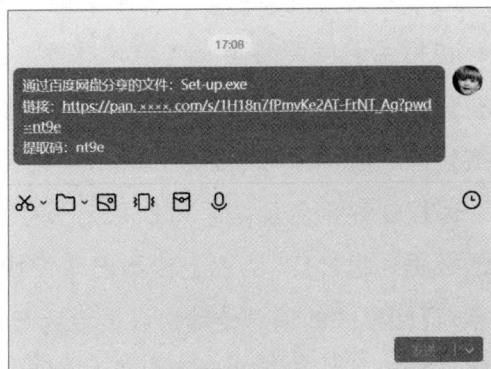

▲ 图3-17 发送分享链接和提取码

项目实训

认识现代农业物联网管理系统

1. 实训背景

随着科技的飞速发展，现代农业正经历着从传统农业向智慧农业的深刻转型。智慧农业的核心在于利用物联网、大数据、云计算与人工智能等先进技术，实现农业生产过程的精准化、智能化与高效化。许多先进的农业企业都会通过建立一套现代农业物联网管理系统，构建一个集数据采集、处理、分析与远程控制于一体的系统方案，实现提高农业生产效率，降低农业生产成本，保障农产品质量与安全，推动农业现代化进程的目的。

2. 实训目标

（1）了解现代农业物联网管理系统的基本应用情况。

（2）熟悉大数据、物联网、云计算在物联网管理系统中的应用。

（3）认识物联网管理系统对农业生产的好处。

3. 案例与分析

在现代农业生产中，物联网技术的应用正日益成为提高农业生产效率和管理水平的关键。浙江托普云农科技股份有限公司（以下简称"托普云农"）作为这一领域的先行者，成功设计并实施一套现代农业物联网管理系统。该系统通过融合大数据、物联网、云计算等先进技术，实现对农业生产环境的精准监测和智能管理，为现代智慧农业的发展提供有力的技术支持。

托普云农在蔬菜基地、玉米基地、棉花基地等多个信息采集站安装了多种传感器，包括温湿度传感器、光照传感器、土壤湿度传感器和二氧化碳浓度传感器等，这些传感器实时监测作物的生长环境参数，如空气温湿度、光照强度、土壤水分和二氧化碳浓度，并将数据通过无线网络传输到远程软件平台。

远程软件平台系统采用ESP32作为主控板，连接各种传感器进行数据采集。采集的数据通过MQTT协议上传到巴法云物联网平台，MQTT协议是一种轻量级、基于发布/订阅模式的消息传输协议，专为资源受限的设备和低带宽、高延迟或不稳定的网络环境设计。远程软件平台系统利用云计算技术汇聚农业种植环境信息，建立墒情、苗情、灾情、虫情、气象、植物本体生长监测平台，通过对这些数据进行深度分析和挖掘，能够提供科学的决策支持，帮助托普云农优化种植方案，提高农作物的产量和品质。

例如，根据监测到的环境参数和作物的生长需求，系统可以智能控制灌溉设备适时、适量地浇水，实现精准灌溉，如图3-18所示。同时，系统还能对病虫害进行监测和预警，帮助托普云农及时采取防治措施。此外，系统还可以根据历史数据和当前环境条件，预测农作物的最佳种植时间和收获时间，或者根据市场需求调整生产计划。

▲ 图3-18 自动灌溉系统

用户可以通过浏览器和微信小程序远程监控农业区的环境参数和设备状态。系统还提供了数据可视化展示功能，用户可以直观地看到各项环境参数的变化趋势和预警事件信息。此外，托普云农还可以通过远程控制功能，调整设备的工作状态，确保农作物处于最适宜的生长环境中。这种远程监控与管理的方式不仅提高了农业生产的效率和管理水平，还降低了人力成本和时间成本。

另外，托普云农设计的现代农业物联网管理系统具有良好的扩展性，它可以与其他农业信息系统进行集成，如农产品追溯系统和土地流转信息平台，形成完整的智慧农业综合服务平台。这种集成化的解决方案不仅能够满足农业生产的多样化需求，还能够促进农业产业链协同发展，推动农业现代化进程。

托普云农通过设计和实施现代农业物联网管理系统，成功实现农业生产的智能化、精细化和高效化管理。未来，随着技术的不断进步和应用的不断拓展，这一系统将在更多领域发挥重要作用，为现代智慧农业的发展注入新的活力。

请根据上述案例，分析并回答以下问题。

（1）总结物联网管理系统在农业生产中的应用情况。

_____

_____

_____

（2）归纳大数据、物联网和云计算在物联网管理系统中的应用。

_____

（3）与传统农业相比，拥有物联网管理系统的智慧农业具有哪些优势？

🔭 前沿拓展

探索边缘计算

边缘计算强调"边缘"，它将数据的处理、应用程序的运行，甚至一些功能的实现由中心服务器下放到网络边缘的节点上。如果说云计算是集中式大数据处理，那么，边缘计算可以理解为边缘式大数据处理，即数据不用再传到遥远的云端，在边缘就能解决。

边缘计算减少了中间传输的过程，具有更实时、更快速的数据处理能力。由于与云端服务器的数据交换不多，边缘计算的网络带宽需求更低。更重要的是，边缘计算让数据隐私保护变得更具操作性。由于数据收集和计算都是基于本地，不用再被传到云端，一些重要信息，尤其是敏感信息，可以不经过网络传输，有效解决了用户隐私泄露和数据安全问题。

虽然"边缘"一词看上去"分量"不重，但实际上，边缘计算有着十分广阔的应用前景。例如，在无人驾驶领域，无人汽车需要在高速移动状态下对周围环境做出快速反应。在此情况下，响应时间成为该项技术极其重要的指标。只有将时延控制在10毫秒之内，才有可能成功实现无人驾驶。要达到这种效果，就必须借助边缘计算。再如，在农业领域，当前应用无人机遥感监测技术跟踪农田病虫害进展情况已较为普遍。而如果在无人机上部署内置检测模型和作业模型，就有可能实现边缘计算，让植保作业的执行更具效率。

除了这些应用场景，边缘计算还可以应用在室内定位、视频优化、增强现实（Augmented Reality，AR）、车联网、智能制造等多个领域，为科技创新提供更多可能。

虽然边缘计算十分有用，但它所需的设备通常资源有限，无论是计算能力还是存储空间等，都需要进一步发展才能达到计算的需要。同时，边缘计算的分布式架构使得设备管理和维护更加复杂，边缘节点有可能成为攻击的目标，需要采取特别的安全措施。解决这些问题后，就能充分发挥边缘计算的作用。

思考练习

1. 单项选择题

（1）人工智能芯片本质上就是（　　）。

    A. 只读存储器   B. 微处理器

    C. 集成电路   D. 电路板

（2）人工智能芯片的主要功能是（　　）。

    A. 存储数据   B. 执行人工智能计算任务

    C. 网络通信   D. 显示图像

（3）不属于人工智能芯片特性的是（　　）。

    A. 高并行计算能力   B. 低功耗设计

    C. 通用性   D. 面向细分应用场景

（4）图形处理器（GPU）最初是为（　　）设计的处理器。

    A. 人工智能   B. 图形渲染

    C. 数据库管理   D. 网络通信

（5）大数据的特征不包括（　　）。

    A. 庞大的数据规模   B. 快速的数据流转

    C. 多样的数据类型   D. 高价值密度

（6）物联网的核心是（　　）。

    A. 互联网   B. 传感器

    C. 移动通信   D. 云计算

（7）云计算的服务模式中，（　　）提供虚拟化计算资源。

    A. IaaS   B. PaaS

    C. SaaS   D. DaaS

（8）云计算的部署模式中，（　　）结合了私有云和公共云的特点与功能。

    A. 公共云   B. 私有云

        C. 社区云   D. 混合云

（9）云计算的关键技术中，（   ）用于验证用户的身份并限制其对云资源的访问。

        A. 虚拟化技术   B. 分布式存储

        C. 身份和访问管理   D. 网络技术

2. 简答题

（1）人工智能芯片与传统芯片的主要区别是什么？

（2）人工智能芯片有哪些类型？

（3）大数据的基本处理流程包括哪些环节？

（4）物联网的层次结构包括哪些？

（5）云计算的关键技术有哪些？

（6）云计算在教育领域的应用有哪些？

04

项目四 人工智能的主要分支

人工智能发展至今，已经成为推动科技革命的重要力量。专家系统通过模拟人类专家的决策过程解决复杂问题；计算机视觉让机器"看见"并理解世界；自然语言处理致力于消除人机交流的障碍；机器人则关注如何执行各种任务。随着技术的不断发展，人工智能将更好地融入日常生活与各行各业中，开启智能化新篇章。

本项目将学习人工智能的主要分支，包括专家系统、计算机视觉、自然语言处理和机器人。这些分支不断取得突破性进展，极大地扩展了人工智能的应用范围。

学习目标

1. 熟悉专家系统的含义、类型、发展与应用。
2. 熟悉计算机视觉的含义、发展、任务与应用。
3. 熟悉自然语言处理的含义、发展、核心任务与应用。
4. 熟悉机器人的含义、类型、关键技术与应用。

能力目标

1. 通过开展"水果大侦探"游戏体验专家系统。
2. 使用微信扫一扫识别花草。
3. 使用相关人工智能平台翻译文章和生成文章摘要。
4. 能够正确分辨智能机器人。

素养目标

1. 培养跨学科思维能力，将人工智能技术与自己所学专业相结合。
2. 具备创新和探索精神，勇于探索人工智能的未知领域。

思维导图

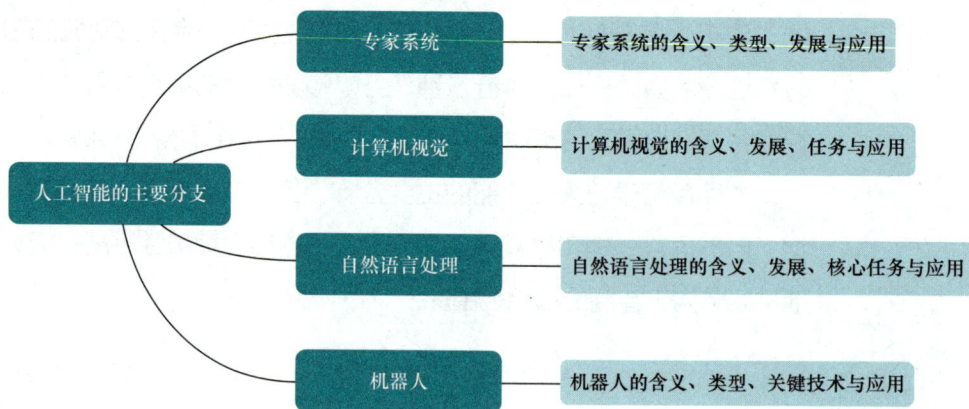

任务一 专家系统

任务描述

在人工智能的发展史上，专家系统是第一个商业化的应用，它不仅是人工智能的一个重要分支，也是推动人工智能发展的关键力量之一。本任务将深入认识专家系统，然后通过开展"水果大侦探"趣味游戏体验专家系统。

相关知识

一、什么是专家系统

专家系统（Expert System）是一种模拟人类专家知识和推理能力的计算机程序，它采用知识表示和知识推理技术模拟通常由领域专家才能解决的复杂问题，同时在领域常规问题上具有与领域专家同等的问题解决能力，能辅助人类专家工作。

专家系统通常由知识库、推理机、用户接口、解释器等模块构成。

- 知识库。存储从专家那里获取的关于特定领域的知识和经验。
- 推理机。根据知识库中的信息，使用推理规则解决问题或做出决策。
- 用户接口。允许用户与专家系统交互，输入用户的问题或信息，并接收系统的输出。
- 解释器。能够解释或描述系统推理的过程和结论。

假设某个"植物医生"专家系统可以帮助用户诊断家中植物的健康问题，当用户打开该专家系统后，可以通过用户接口描述植物出现的问题，如"我的植物叶子开始变黄。"专家系统便会根据知识库的内容提出一系列问题帮助诊断，如"你的植物是喜阳的还是喜阴的？""你多久给植物浇一次水？""你最近有没有给植物施肥？""植物的生长环境是否通风？"等。用户回答专家系统的提问，推理机根据用户的回答在知识库中搜索匹配的规则，并给出诊断结果。如果用户说植物是喜阳的，但放在阴暗的地方，专家系统则可能会推断叶子变黄是因为光照不足，并进一步提供解决方案，如"将植物移到阳光充足的地方。"

二、专家系统的类型

专家系统按照功能的不同，可以分为诊断型专家系统、预测型专家系统、设计型专家系统、规划型专家系统和监控型专家系统，如表4-1所示。

表 4-1　专家系统的类型

类型	用途	举例
诊断型专家系统	用于确定问题的原因	医疗诊断系统
预测型专家系统	用于预测未来可能发生的事件	股市预测系统
设计型专家系统	用于设计解决方案或产品	电路设计系统
规划型专家系统	用于制订行动计划或策略	公共交通调度系统
监控型专家系统	用于监控特定系统或环境，并在发生异常时发出警告	工厂监控系统

三、专家系统的发展

专家系统经历了多个发展阶段，从第一代专家系统的出现，到第二代专家系统、第三代专家系统的进步，再到如今正在畅想的第四代专家系统，每一代专家系统都有其独特的特点。

1. 第一代专家系统

第一代专家系统的时间跨度为 1968 年（DENDRAL 系统的诞生）至 20 世纪 70 年代初。第一代专家系统专注于解决特定领域的问题，如化学、地质学等，能够基于领域专家的知识和经验，提供针对特定问题的解决方案；但在体系结构的完整性、可移植性、系统的透明性和灵活性等方面存在缺陷，用户难以理解系统的决策过程和依据。

2. 第二代专家系统

第二代专家系统的时间跨度为 20 世纪 70 年代中期至 80 年代中期。相较于第一代专家系统，第二代专家系统仍以单学科为主，但开始应用在更广泛的领域，在系统的可移植性、人机接口、解释机制等方面有所改进。同时，第二代专家系统开始采用不确定性推理技术，提高了系统的推理能力和适应性。虽然知识获取仍然是一个挑战，但第二代专家系统在这方面也取得了一定进展。

知识拓展

不确定性推理技术

3. 第三代专家系统

第三代专家系统的时间跨度为 20 世纪 80 年代中期至今。第三代专家系统开始跨越单一学科，综合应用多种知识表示方法和推理机制，采用更先进的算法和技术，如深度学习、强化学习等，提高了系统的智能化水平和解决问题的能力。同时，第三代专家系统更加注重用户界面的友好性和易用性，提供了更直观、更便捷的操作方式。第三代专家系统在医疗、金融、工程、农业等多个领域得到广泛应用，产生了显著的经济效益和社会效益。

4. 第四代专家系统

随着人工智能技术的不断进步，第四代专家系统的未来发展方向日益清晰。可以预见，第四代专家系统能够应对更加复杂和多样化的应用场景，如医疗诊断中的疑难杂症分析；同时渗透到更多行业和领域，如农业、制造业等，并提供智能化的解决方案。在用户体验和交互设计上，第四代专家系统能够提供更加友好和易用的界面与功能，提升用户的交互体验。更重要的是，第四代专家系统可能更加集成化、模块化，以便用户根据实际需求进行定制和扩展。

四、专家系统的应用

专家系统在各个领域都有广泛的应用，它通过模拟人类专家的决策能力，为用户提供智能化的解决方案。以下是专家系统在部分领域的应用情况。

- 教育培训。专家系统用于个性化教学、智能辅导和职业规划，帮助学生提高学习效果，为其规划未来发展方向。
- 医疗诊断。专家系统帮助医生诊断疾病，并提供治疗建议方案。
- 金融分析。专家系统在股票市场、信贷评估和风险管理中分析数据，预测市场趋势，评估信贷风险。
- 法律咨询。专家系统提供法律咨询服务，帮助用户解决法律问题。
- 客户服务。专家系统在呼叫中心、在线客服等场景自动回答用户的问题，提供问题解决方案。
- 能源管理。专家系统在电力系统、能源消耗和节能减排方面，优化能源配置，提高能源利用效率。
- 工业制造。专家系统用于设备故障诊断、生产过程优化和质量控制，提高生产效率和产品质量。
- 农业生产。专家系统在作物种植、病虫害防治和农业资源管理方面提供决策支持，提高农作物产量。

任务实施　开展"水果大侦探"趣味游戏

专家系统可以简单理解为根据用户的问题为用户提供正确答案。为了体验专家系统，本任务将开展"水果大侦探"趣味游戏，由一人扮演专家系统，另一人扮演用户，专家系统的水果知识库如表4-2所示。用户已知某种水果但不知道该水果的名称，需要与专家系统互动，让专家系统根据给出的信息找到正确的水果。

表4-2 水果知识库

名称	形状	颜色	口味	质感
苹果	圆形	红色	甜、微酸	表面光滑、硬
香蕉	长条形	黄色	甜	表面光滑、软
橙子	圆形	橙色	甜、微酸	表面光滑、软
草莓	心形	红色	甜、微酸	表面有小籽、软
葡萄	圆形	紫色	甜、微酸	表面光滑、软
榴莲	圆形	黄色	甜	表面有刺、硬
火龙果	椭圆形	红色	甜、微酸	表面有鳞片、硬
樱桃	圆形	红色	甜、微酸	表面光滑、软
桃子	心形	红色	甜、微酸	表面有绒毛、软
梨子	椭圆形	黄色	甜、微酸	表面光滑、硬

游戏开始时，首先由用户发起提问，如"我的水果是圆形的，它是什么水果？"，专家系统将排除非圆形水果，然后按照以下流程继续游戏。

专家系统提问	用户回答	专家系统判断
1.　水果是什么颜色？	红色	可能是苹果或樱桃
2.　水果是什么口味？	甜	可能是苹果或樱桃
3.　水果是什么质感？	表面光滑、软	樱桃

🔍 AI思考角

请尝试扩充知识库，如大小、产地等，并分组进行游戏，看看哪个组的"专家系统"能够更快地猜到正确的水果，并说明专家系统快速找到正确答案的原因。

任务二 计算机视觉

任务描述

计算机视觉赋予人工智能"看"的能力，其不仅推动了人工智能的创新与发展，还拓展了人工智能的应用领域。本任务将学习计算机视觉的基本知识，然后分辨它与专家系统的应用场景，并体验微信的扫一扫功能。

相关知识

一、什么是计算机视觉

计算机视觉是使用计算机及相关设备对生物视觉进行模拟的一种技术，它通过处理采集的图片或视频实现对相应场景的多维理解。计算机视觉也是人工智能的一个重要分支，它涉及计算机科学、信号分析与处理、几何光学、应用数学、统计学、神经生理学等多个学科。按处理方式的不同，计算机视觉分为二维计算机视觉和三维计算机视觉。

- 二维计算机视觉。专注于从二维图像中提取信息，如边缘检测、形状分析、纹理识别等，这种技术适用于静态图像或视频帧的处理。

- 三维计算机视觉。专注于处理三维空间中的数据，涉及立体视觉、深度感知、三维重建等技术，这种技术广泛应用于机器人导航、自动驾驶等领域。

计算机视觉是一个复杂而有趣的技术，它通过模拟人类的视觉功能，使机器能够"看到"并理解图像和视频数据。例如，当使用智能手机上的宠物识别应用识别宠物猫的品种时，首先用手机拍摄猫咪的照片，或直接从相册中选择一张该猫咪的照片；然后，宠物识别应用对照片进行预处理，如调整图片的大小、清晰度，以及去除噪声等，以确保分析结果的准确性；接着，宠物识别应用会使用深度学习模型（如卷积神经网络）提取图片中的特征，这些特征可能包括猫咪的毛色、眼睛形状、耳朵大小等，提取到的特征会被送入一个已经训练好的宠物识别模型中，这个模型会对比这些特征和它之前学习过的各种宠物特征，找到最匹配的那一类；最后，宠物识别应用会返回结果，如"这是一只英短蓝猫。"以上过程便是计算机视觉的大致应用过程。

二、计算机视觉的发展

20世纪60年代至70年代，计算机视觉的概念开始形成。研究者们尝试通过简单的几何模型理解图像中的对象，这一阶段的代表是1966年在贝尔实验室，由拉里·罗伯茨（Larry Roberts）领导的团队进行了一项名为"Face"的机器人视觉导航实验，这项实验通过简单的线条和几何形状识别并跟踪人脸，标志着计算机视觉技术的初步探索。尽管这一阶段的研究相对基础，但它为后续的发展奠定了重要基础。

进入20世纪80年代，随着数字图像处理技术的发展，计算机视觉开始逐步建立起自己的理论基础。1984年，大卫·马尔（David Marr）提出了计算机视觉理论框架，该框架强调了从二维图像中恢复三维形状和位置信息的重要性，为后续的研究奠定了重要的理论基础。这一时期，图像分析、目标检测和跟踪等技术逐渐成熟，计算机视觉开始独立发展，并应用于军事、航空等领域。

20世纪90年代至2000年，计算机视觉技术开始向实际应用迈进。商业化的图像处理软件和硬件设备不断涌现，推动了计算机视觉技术的普及。同时，国际计算机视觉大会（ICCV）、国际模式识别会议（ICPR）等国际学术会议的举办，促进了国际间的交流与合作。这一时期，计算机视觉技术在工业制造、医学影像分析等领域得到广泛应用。例如，在汽车制造行业中，计算机视觉技术被用于自动化检测和质量控制，大大提高了生产效率和产品质量。

2001年至2020年，随着大数据的发展和计算能力的提升，深度学习技术迅速发展，特别是卷积神经网络在图像识别、分类和检测等方面取得了突破性进展。这一时期，谷歌的ImageNet竞赛推动了计算机视觉技术的快速发展和广泛应用。此外，计算机视觉技术在智能手机、安防监控、人脸识别等领域也得到广泛应用。例如，智能手机中的相机应用通过计算机视觉技术实现了自动对焦、美颜、智能识别等功能；安防监控设备则通过计算机视觉技术实现了智能监控、异常检测等功能。图4-1所示为计算机视觉技术在智能交通中的监控应用场景。

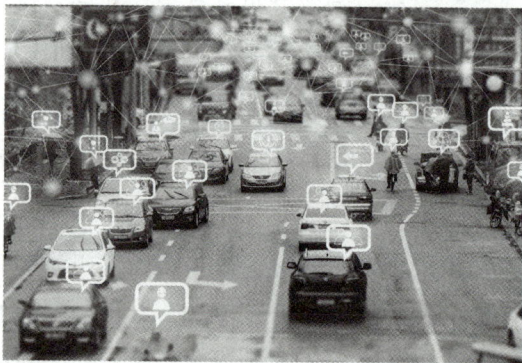

▲ 图4-1 计算机视觉技术在智能交通中的监控应用场景

当前，计算机视觉技术正处于跨领域融合阶段，它与机器学习、自然语言处理、机器人等技术的交叉融合日益加深，推动了多模态感知和认知智能的研究，在自动驾驶、智慧城市、健康医疗等领域发挥着越来越重要的作用。例如，在自动驾驶领域，计算机视觉技术被用于识别道路标志、行人、车辆等障碍物，以及实现自动泊车等功能；在智慧城市领域，计算机视觉技术被用在智能交通管理、城市安防监控等方面；在健康医疗领域，计算机视觉技术被用在医学影像分析、疾病诊断等方面。

未来，随着深度学习技术的不断发展，计算机视觉技术的精度和效率将进一步提升，同时，跨领域融合将推动计算机视觉技术应用于更多领域。

三、计算机视觉的任务

计算机视觉的任务是让计算机和其他智能设备能够理解与处理视觉信息，这些任务的核心在于从原始图像数据中提取有用的信息，从而做出决策或达成特定的目标。计算机视觉的任务较多，常见的有以下几种。

- 图像分类。图像分类是计算机视觉的基本任务之一，其目的是将给定的图像分配到预定义的类别中。例如，给定一张图片，使用图像分类模型可以判断这张图片是猫、狗、车还是人。

- 对象检测。对象检测不仅可以识别图像中的对象，还可以确定它们的位置。对象检测会在图像上绘制边界框（Bounding Box），边界框会标示对象在图像中的位置和大小，如图4-2所示。

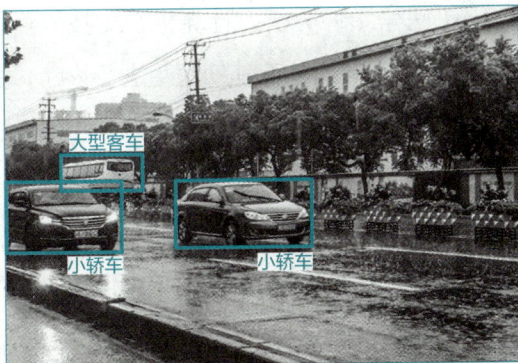

▲ 图4-2 交通监控中的对象检测应用

- 语义分割。语义分割是像素级别的分类任务，它将图像中的每个像素分配给一个类别，如人、车、道路或天空等，使用户更好地理解图像中每个像素的语义内容。

- 图像分析。图像分析是一个更广泛的概念，它涉及从图像中提取、解析和推导信息的过程，这不仅包括图像分类、对象检测和语义分割，还包括图像质量评估、内容理解、特征提取等操作。

- 人脸检测、分析和识别。人脸检测、分析和识别是计算机视觉的一个高级任务。其中，人脸检测是指在图像中定位出其中的人脸，并标出其位置；人脸分析是指对人脸的表情、姿态、年龄、性别等进行分析；人脸识别是指对检测到的人脸进行特征提取，并将提取出的特征与已知的人脸数据库进行比对，以识别出人脸。

- 光学字符识别（OCR）。OCR是一种通过扫描文档来自动识别文本的技术，它可以将扫描到的图片转化为文字，从而方便编辑和存储。随着深度学习技术的发展，现代OCR系统已经能够处理复杂的布局和识别手写文本等任务。

素养天地　　人脸识别技术在日常生活中的应用非常广泛，涵盖消费支付、门禁、安防监控、考勤管理、智能家居、交通管理、酒店入住等多个方面。同时，相较于虹膜、指纹等生物信息，人脸数据更易被采集，且不受环境限制。为避免人脸信息被非法采集、泄露和滥用，应当提高人脸信息的保护意识，一方面不随意提供个人的人脸信息；另一方面不能泄露、贩卖他人的人脸信息，避免侵犯他人的隐私权、肖像权。

四、计算机视觉的应用

计算机视觉作为人工智能的一个重要分支，已经渗透到人们生活的方方面面，其应用场景丰富多样，以下是计算机视觉的一些常见应用。

- 自动驾驶。计算机视觉在自动驾驶汽车领域扮演着至关重要的角色，它能识别道路、车辆、行人、红绿灯、路标等信息，确保汽车安全行驶。

- 人脸识别。人脸识别技术通过提取和比对面部特征，广泛应用于身份验证和安全监控等方面，其识别准确率高于人眼的识别准确率。

- 医学影像分析。计算机视觉技术可以自动分析医学影像，如X光片、CT扫描、核磁共振、B超等，从而辅助医生进行诊断，提高诊断的效率和准确率。

- 安防监控。安防摄像头结合计算机视觉算法，可用于实时监控、事件检测和警报系统，提高安全性。

- 无人机应用。无人机利用计算机视觉技术可以进行目标检测、跟踪、自主导航和精确制导等，在电力巡检、农作物分析等场景中发挥着重要作用。

- 增强现实（AR）和虚拟现实（VR）。在计算机视觉技术的协助下，AR和VR能够实现物体追踪与交互功能，为用户提供更为沉浸式的体验。

- 智能拍照与图像处理。智能手机中的自动曝光、自动白平衡、自动对焦等功能都离不开计算机视觉的算法支持。此外，去噪、自动美颜、自动滤镜等各种实用功能也应用了计算机视觉技术，深受用户喜爱。

AI智慧讲堂

AR是将虚拟信息叠加在真实世界中，如使用手机导航时，手机屏幕上会显示实时的路线指示和真实的地标建筑；VR则是让用户完全沉浸在一个虚拟的环境中，如用户戴上VR眼镜便可进入一个虚拟的游戏世界，用户看到的、听到的都是由计算机生成的虚拟信息。

任务实施

任务实施1　分辨专家系统和计算机视觉的应用场景

专家系统主要依赖推理机制和知识库来模拟人类专家的决策能力，通常不涉及直接的图像或视频处理；计算机视觉则专注于从图像和视频中提取有用信息，并进行识别、分类、检测等操作。根据表4-3罗列的若干应用场景，分辨哪些是专家系统的应用场景，哪些是计算机视觉的应用场景，并在相应的空格中打上"√"标记。

表4-3　专家系统和计算机视觉的应用场景

应用场景	专家系统	计算机视觉
医疗诊断助手		
股票市场预测系统		
工业设备故障诊断系统		
自动驾驶汽车		
人脸识别门禁系统		

续表

应用场景	专家系统	计算机视觉
医学影像分析系统		
农作物病虫害识别系统		
航班调度系统		
智能家居安全监控		

任务实施2　使用微信扫一扫识别花草

操作视频

使用微信扫一扫识别花草

计算机视觉已经深入人们的日常生活之中，为人们带来了极大的便利。本任务将使用微信的扫一扫功能识别一张花草图片，体验计算机视觉的应用，具体操作如下。

（1）在计算机上打开"花朵.jpg"素材图像（配套资源：\素材文件\项目四\花朵.jpg）。

（2）打开微信App，点击右上角的"添加"按钮⊕，在打开的下拉列表中点击"扫一扫"选项，如图4-3所示。

（3）将手机摄像头对准屏幕上的花朵，微信开始扫描图像信息，如图4-4所示。

（4）扫描结束后，微信将在界面下方显示扫描结果，完成图像识别操作，如图4-5所示。

▲ 图4-3　使用"扫一扫"功能

▲ 图4-4　扫描图像信息

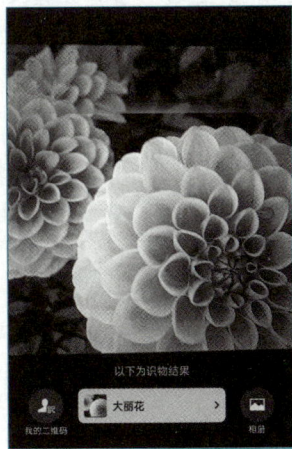

▲ 图4-5　显示扫描结果

任务三　自然语言处理

任务描述

自然语言处理是人工智能领域的重要研究方向，它融合了语言学、计算机科学、数学、认知心理学等多个学科领域的知识，目的是使机器能够与人类更好地进行语言沟通。本任务将学习自然语言处理的相关知识，并使用在线平台翻译文章和生成文章摘要。

相关知识

一、什么是自然语言处理

自然语言是指人类在日常生活中使用的语言，自然语言处理（Natural Language Processing，NLP）则是指利用计算机技术对自然语言进行自动处理，它包括对自然语言的理解、分析、生成和评估等多个方面。NLP的目的是填补人与机器之间的交流鸿沟，使机器能够更加有效地处理和生成人类语言信息。

NLP具有复杂性、动态性、交互性、依赖性、多模态性和智能性等特点，这些特点使得它成为一个充满挑战和机遇的研究领域，需要通过不断的技术创新和算法优化推动其发展和应用。

- 复杂性。自然语言本身具有高度的复杂性和多样性，包括语法、语义、语境等多个层面。语言的表达方式和习惯在不同地区、不同文化背景下存在显著差异，这增加了NLP的难度，提高了NLP的复杂性。

- 动态性。自然语言是不断发展的，新的词汇、短语和表达方式不断涌现，NLP系统需要不断更新，以适应语言的变化，保持其准确性和有效性。

- 交互性。NLP通常应用于人机交互中，需要理解和生成人类的语言。这要求NLP系统具备高度的交互性和实时性，能够迅速响应用户的请求并提供有用的信息。

- 依赖性。不同的领域和应用场景对NLP系统的要求不同。例如，在医疗领域，NLP系统需要准确理解医学术语和概念；在金融领域则需要处理与分析财务报表和交易数据。

- 多模态性。随着技术的发展，NLP系统不再局限于纯文本处理，而是开始涉及图像、音频、视频等多种模态的信息，这要求NLP系统能够整合多种模态的信息，实现跨模态的理解和生成。

- 智能性。NLP系统的目标是实现智能的人机交互，使计算机能够像人类一样理解和处理自然语言，这要求NLP系统具备高度的智能性，具有推理、学习、记忆和自适应等能力。

二、自然语言处理的发展

NLP的发展历程可以追溯到20世纪50年代。1954年，乔治城大学首次展示的实验性机器翻译系统成功将60句俄语全部自动翻译成英语，尽管它的能力非常有限，但它标志着NLP研究的开始。

20世纪60年代，一些较为成功的自然语言处理系统开始出现，例如SHRDLU系统能够对用户的命令进行分析，辨别积木的形状并完成移动工作。又如ELIZA人机对话系统，尽管它并没有真正理解文本内容，但它通过关键词匹配和预先设定的脚本，模拟出与人类对话的效果。

20世纪70年代，语音识别算法研发成功，基于隐马尔可夫模型（Hidden Markov Model，HMM）的统计方法在语音识别领域获得成功。

20世纪80年代，机器学习算法引入，自然语言处理技术得到进一步的发展，专家系统在这个时期快速成长起来。同时，人们意识到机器翻译必须保证译文和原文在语义上表述准确无误，因此，语义分析逐渐成为自然语言处理的核心研究问题。

20世纪90年代，机器翻译引入建立大规模语料库的方法，其性能得到很大提升。统计学习方法，特别是N-Gram模型和最大熵模型，开始在NLP中占据主导地位。此外，IBM布朗语料库（Brown Corpus）的发布，为统计语言模型提供了重要的训练数据。

进入21世纪，得益于互联网、大数据、云计算、移动通信等各种新技术的蓬勃发展，自然语言处理迎来加速发展时期。2001年，神经语言模型（Neural Language Model，NLM）的提出，解决了在已出现词语的文本中预测下一个单词的任务；2008年，多任务学习（Multi-task Learning，MTL）在NLP神经网络中的应用，使得模型能够通过同时学习多个相关任务，捕捉到更通用、更泛化的特征，这些特征对于解决这些任务有非常大的帮助。2013年，Word2Vec和NLP神经网络的提出，简化了语言建模并推动了NLP技术的进步；2014年，序列到序列（Seq2Seq）模型的提出，实现了通过一次预测一个单词生成和输出序列；2015年，注意力机制和基于记忆的神经网络的提出，提高了语言模型运行的效率和捕捉语言长距离依赖信息的能力；2018年至今，各种预训练语言模型（如BERT、GPT等）的提出，标志着NLP正式进入大语言模型的全新阶段。

AI智慧讲堂　　　大语言模型（Large Language Model，LLM）是一类基于深度学习的人工智能模型，旨在处理和生成自然语言文本。该模型是通过大规模文本数据训练得到的，其核心在于"大规模"和"预训练"，即利用海量的文本数据进行训练，从而获得对语言的深刻理解。

三、自然语言处理的核心任务

NLP的核心任务集中在自然语言理解和自然语言生成两个方面，这两个方面分别包含多个具体任务。

1. 自然语言理解

自然语言理解（Natural Language Understanding，NLU）的目标是让计算机能够分析和理解文本，提取文本中的实体、概念、情感等信息，具体任务如下。

- 命名实体识别。识别文本中具有特定意义的实体，如人名、地名、组织名等。
- 词性标注。确定文本中每个词的词性，如名词、动词、形容词等。
- 句法分析。识别句子中的语法结构和成分，如主谓宾、定状补等。
- 语义分析。理解句子的真正含义和上下文关系，包括词义消歧、指代消解等，即在特定的语境中识别出某个歧义词的正确含义，确定文本中代词、名词短语等所指代的对象。

2. 自然语言生成

自然语言生成（Natural Language Generation，NLG）的目标是让计算机能够根据给定的输入信息生成符合语法和语义规则的自然语言文本，具体任务如下。

- 机器翻译。将一种自然语言文本转换为另一种自然语言文本，如将英文翻译为中文，同时保持语义的一致性。图4-6所示为讯飞智能翻译平台上的各种机器翻译功能。

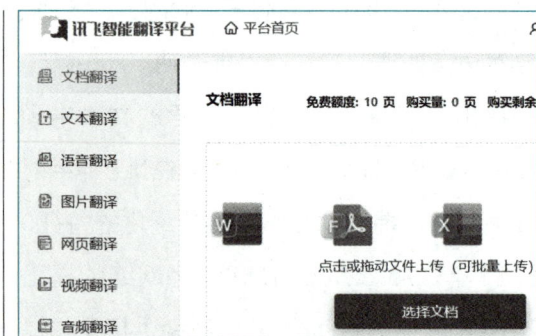

▲ 图4-6　讯飞智能翻译平台的机器翻译功能

- 文本生成。根据给定的主题、语境或输入数据，生成连贯、自然的文本。如今非常热门的ChatGPT、文心一言等工具执行的便是文本生成任务。

- 语音合成。将计算机生成的文本转换为语音，使计算机能够以自然语言与人类进行交互。

四、自然语言处理的应用

NLP的应用非常广泛，目前已经有越来越多的行业开始应用NLP，以下是部分行业中NLP的应用情况。

- 医疗。NLP可以自动提取电子健康记录文档中的关键信息，如病史、诊断和治疗计划，也可以通过聊天机器人回答常见问题。
- 法律。NLP可以自动审查合同，识别关键条款和潜在风险，也可以快速检索相关案例和法律，辅助律师准备案件。

• 教育。NLP可以通过自然语言与学生交互，为学生提供个性化的学习辅导，也可以自动评估学生的作业。

• 娱乐。NLP可以根据用户的阅读或观看历史，为用户推荐相关的内容，也可以作为语音助手执行语音命令。

• 电子商务。NLP可以自动分析用户对产品的反馈，以改进产品和服务，也可以理解用户的搜索意图，提供更准确的搜索结果。

• 人力资源。NLP可以自动识别和筛选符合特定职位要求的简历，也可以通过聊天机器人回答员工关于福利、假期等的问题。

• 新闻出版。NLP可以自动将新闻文章分类到不同的主题或板块，也可以检测新闻内容或学术论文中的抄袭现象，维护出版环境。

• 旅游。NLP可以通过聊天机器人处理预订、更改行程等用户请求，也可以分析旅游评论和反馈，为用户提供旅游建议。

任务实施

操作视频

任务实施1　使用讯飞智能翻译平台翻译文章

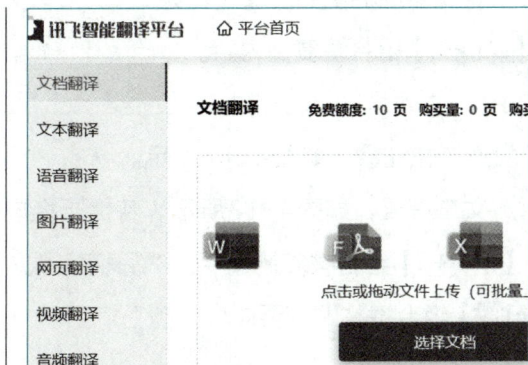

讯飞智能翻译平台是一个由科大讯飞推出的快速准确、稳定可靠的人工智能翻译平台，它支持多种语言间的互译，以及文档翻译、文本翻译、语音翻译、图片翻译、网页翻译、视频翻译和音频翻译等多种翻译模式。本任务将利用讯飞智能翻译平台翻译我国四大名著之一《西游记》第一章的内容，具体操作如下。

使用讯飞智能
翻译平台翻译
文章

（1）搜索并登录"讯飞智能翻译平台"，选择左侧列表中的"文档翻译"选项，单击 选择文档 按钮，如图4-7所示。

（2）打开"打开"对话框，选择"西游记.docx"素材文件（配套资源：\素材文件\项目四\西游记.docx），单击 打开(O) 按钮，如图4-8所示。

▲ 图4-7　选择文档翻译功能

▲ 图4-8　选择需翻译的文件

（3）在页面中设置翻译模式，这里单击 中文->英语 按钮，将中文翻译为英文，然后单击 开始翻译 按钮，如图4-9所示。

（4）翻译完成后，可在页面中单击所翻译文档右侧的"下载地址"超链接，此时将打开图4-10所示的页面，其中将显示翻译的结果，单击右上方的 ↓ 下载 按钮便可下载翻译好的文件。

▲ 图4-9　选择翻译模式

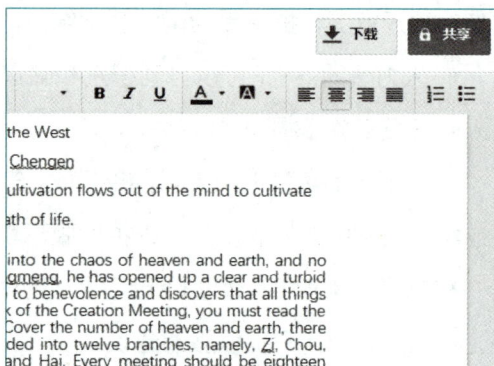

▲ 图4-10　下载翻译好的文件

AI智慧讲堂　中华优秀传统文化源远流长、博大精深，特别是古代文献中包含大量专业术语和概念，这可能导致机器翻译的翻译结果不太准确，这需要提升自然语言处理技术的文化适应性，优化相关算法，并促进语言学家、文学家、翻译家和计算机科学家之间的合作等，以更好地解决这一难题。

任务实施2　使用秘塔AI自动生成文章摘要

秘塔AI是一款基于大语言模型技术的搜索引擎，它通过理解用户的搜索意图，提供无广告、高质量的搜索结果。本任务将使用秘塔AI自动生成关于苏绣的新闻稿摘要，具体操作如下。

操作视频

使用秘塔AI自动生成文章摘要

（1）打开"苏绣.docx"素材文件（配套资源：\素材文件\项目四\苏绣.docx），按【Ctrl+A】组合键全选内容，按【Ctrl+C】组合键复制内容。

（2）搜索并登录"秘塔AI"平台，在其中的文本框中单击鼠标定位插入点，按【Ctrl+V】组合键粘贴复制的文本，然后单击"发送"按钮➡，如图4-11所示。

（3）秘塔AI开始分析内容，稍后将自动生成文章摘要，如图4-12所示。若需要将该摘要应用到文档中，可拖曳鼠标选择摘要，按【Ctrl+C】组合键复制摘要，然后切换到文档，在目标位置单击鼠标定位插入点，按【Ctrl+V】组合键粘贴摘要。

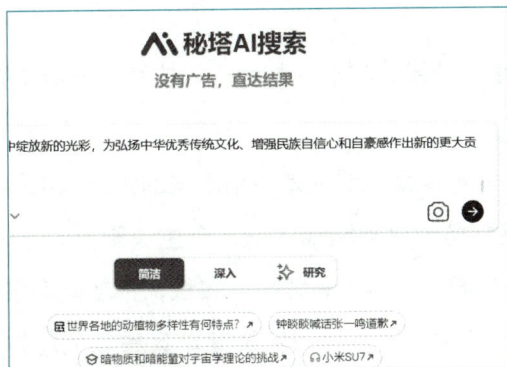

▲ 图4-11　复制文本内容

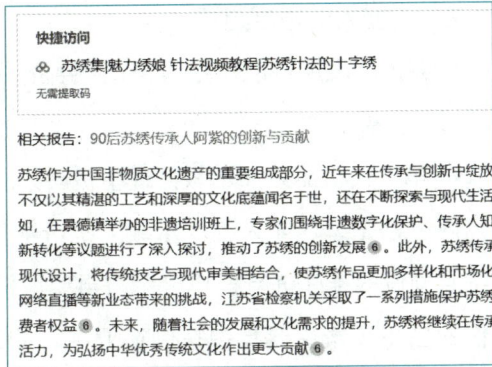

▲ 图4-12　文章摘要生成效果（部分）

任务四　机器人

任务描述

　　机器人作为人工智能的一个重要分支，对人工智能的发展具有深远意义。一方面，机器人是人工智能技术的重要成果，另一方面，机器人的广泛应用促进了人工智能技术的进一步发展。本任务将学习机器人的相关内容，然后尝试正确判断哪些是智能机器人。

相关知识

一、什么是机器人

　　机器人作为一种高度自动化和智能化的机器设备，能够帮助人类完成许多任务，在各个领域都发挥着重要的作用。

1. 机器人的含义

　　国际标准化组织（ISO）将机器人定义为一种能够通过编程和自动控制执行诸如作业或移动等任务的机器。美国机器人工业协会认为，机器人是一种用于移动各种材料、零件、工具或专用装置，通过可编程动作执行各种任务，并具有编程能力的多功能操作机。日本工业机器人协会将机器人定义为，机器人是一种带有记忆装置和末端执行器的、能够通过自动化的动作代替人类劳动的通用机器。我国业界对机器人的定义则是，机器人是一种自动化的机器，具备一些与人或生物相似的智能能力，如感知能力、规划能力、动作能力和协同能力，是一种具有高度灵活性的自动化机器。

　　综合上述内容可以看出，机器人是一种自动化和智能化的机器，它能够通过编程或自我感知完成一定的任务，以帮助人们完成各种任务。

109

2. 机器人的发展过程

机器人的发展可以概括为 3 个主要阶段，每个阶段，机器人都经历了技术的进步和应用领域的扩展。

- 第一代机器人：示教再现型机器人。示教再现型机器人是最早出现的机器人类型，它们通过预先编程或人工"示教"执行重复性任务。这类机器人缺乏自主决策能力，只能按照预设的程序进行操作。示教再现型机器人通常结构简单，成本较低，但功能有限。它们的应用场景主要集中在制造业中，如汽车装配线等，可以完成简单且重复的动作。由于缺乏感知能力和适应性，示教再现型机器人无法应对复杂多变的环境，也无法处理意外情况。尽管存在局限性，但示教再现型机器人的出现标志着自动化生产的开始，为后续更高级机器人的发展奠定了基础。

- 第二代机器人：感觉型机器人。感觉型机器人在示教再现型机器人的基础上增加了传感器，如视觉传感器、触觉传感器等，这使其能够感知周围环境，并根据环境变化调整行为。这类机器人具备一定的感知能力，可以识别物体的位置、形状等信息，并据此做出反应。感觉型机器人的应用范围更加广泛，除了工业制造领域外，还可应用于医疗领域、服务行业等。虽然感觉型机器人比第一代机器人更为先进，但它们仍然依赖于预设的规则和算法，缺乏真正的自主学习和决策能力。

- 第三代机器人：智能型机器人。智能型机器人是当前最先进的机器人类型，它们不仅具有感知能力，还拥有学习和推理的能力，能够在复杂环境中自主做出决策。智能型机器人集成了人工智能技术，如机器学习、深度学习等，能够从经验中学习并不断优化自身的行为。智能型机器人的应用非常广泛，如家庭服务、医疗护理、灾难救援等多个领域。随着技术的不断进步，智能型机器人将在更多领域发挥重要作用，成为人类生活和工作中的重要伙伴。

3. 机器人的三要素

机器人，特别是智能型机器人的三要素分别是感知、运动和推理，分别用于识别周围的环境，对环境做出反应性动作，以及对感知的信息进行加工处理。这三个要素相互依赖、协同工作，推动机器人技术的进步和发展。

- 感知。感知是指机器人能够通过各种传感器识别周围环境。传感器可以是视觉、听觉、触觉等非接触型传感器，也可以是力觉、压觉等接触型传感器。例如，视觉传感器可以帮助机器人识别物体的形状和颜色，而距离传感器则可以让机器人避免碰撞障碍物。

- 运动。运动是指机器人能够对外界做出反应性动作。这通常需要一个无轨道型的移动机构，如轮子、履带、支脚、吸盘或气垫等，以适应不同的地理环境。在运动过程中，还需要对移动机构进行实时控制，包括位置控制、力度控制等。

- 推理。推理是指机器人能够对感知的信息进行加工处理。这涉及复杂的算法和计算模型，包括机器学习、深度学习等先进技术。推理要素使机器人能够根据感知到的信息制订行动计划，并能够在信息不充分和环境迅速变化的情况下完成这些动作。

4. 机器人的组成

机器人一般由传感器、控制器和执行器3部分组成。

- 传感器。传感器是机器人感知外部环境的关键部件，它们负责收集来自机器人周围环境的数据，包括声音、图像、温度、质量等。

- 控制器。控制器是机器人的大脑，它可以处理传感器收集到的数据，并做出相应的决策。

- 执行器。执行器是机器人的动力系统，能够让机器人实现各种动作。常见的执行器包括电机、液压系统和气压系统等。

二、机器人的类型

按运动形式的不同，机器人可以分为直角坐标型机器人、圆柱坐标型机器人、球（极）坐标型机器人、关节型机器人等。

- 直角坐标型机器人。直角坐标型机器人也称为笛卡儿坐标型机器人，其运动方式类似于笛卡儿坐标系。这种机器人的3个轴（通常为X、Y、Z轴）相互垂直，如图4-13所示，适用于搬运等平移运动。其特点是定位精度高，但占地面积较大，运动范围有限。

- 圆柱坐标型机器人。圆柱坐标型机器人的运动方式类似于圆柱坐标系。它有一个旋转的垂直轴和一个沿垂直轴移动的线性轴，如图4-14所示。这种机器人具有较大的运动范围和较高的定位精度。

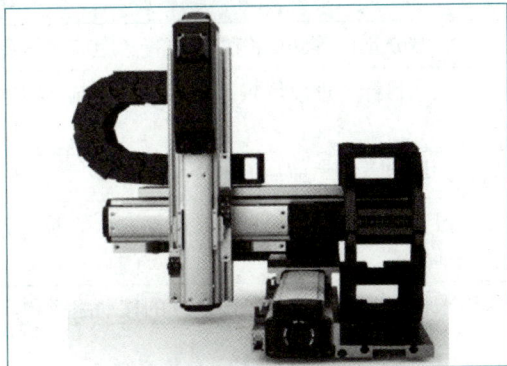

▲ 图4-13 直角坐标型机器人

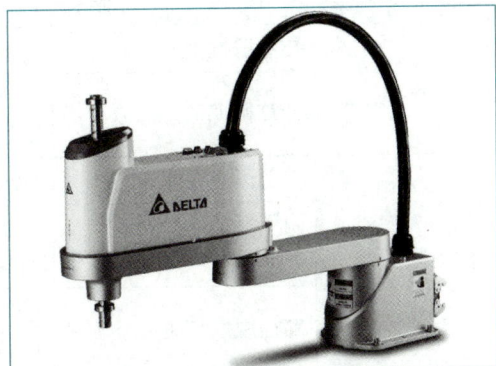

▲ 图4-14 圆柱坐标型机器人

- 球（极）坐标型机器人。球（极）坐标型机器人的运动方式类似于球坐标系。它具有一个旋转的基座、一个沿基座垂直方向移动的垂直轴和一个绕垂直轴旋转的关节，如图4-15所示。这种机器人适用于喷涂、焊接等场景，具有较高的灵活性和较大的工作空间。

- 关节型机器人。关节型机器人又称多关节机器人或串联型机器人，其运动方式类似于人类手臂。它由多个关节组成，可实现复杂的运动轨迹，如图4-16所示。关节型机器人广泛应用于工业自动化的各个领域，具有很高的灵活性和适应性。

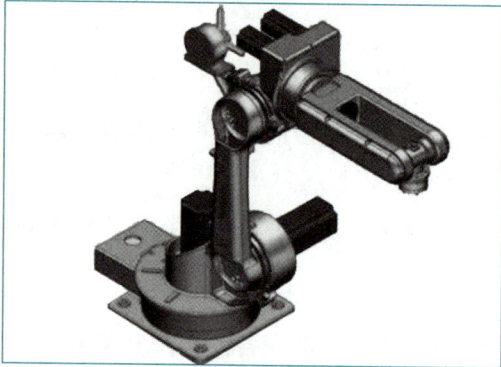

▲ 图4-15　球（极）坐标型机器人

▲ 图4-16　关节型机器人

AI思考角

你看到过的机器人有哪些？通过对它们运动轨迹的观察，你认为这些机器人属于哪种类型？

三、机器人的关键技术

机器人的关键技术涵盖感知、决策、执行等多个方面，这些技术的不断发展与创新推动机器人在更多领域的应用和发展。表4-4为机器人的一些关键技术。

表 4-4　机器人的关键技术

关键技术类别	具体技术 / 方法	描述
感知技术	传感器技术	通过摄像头、激光雷达等获取图像、声音、距离等信息
	计算机视觉	识别物体、跟踪目标、理解场景，用于自主导航、物体抓取等
决策技术	自然语言处理	理解和处理人类语言，实现与人类的交流
	人工智能算法	包括监督学习、无监督学习、强化学习等，从数据中学习规律、识别模式
	路径规划与决策	根据任务需求和当前环境，规划出最优的移动路径和操作策略

关键技术类别	具体技术/方法	描述
执行技术	运动控制技术	控制机器人的运动学、动力学，实现轨迹跟踪、姿态调整等
	伺服电机与液压系统	提供动力和执行能力，适用于精密控制和大型工业机器人
	机械臂与末端执行器	完成抓取、搬运、组装等操作，末端执行器根据任务需求定制
多传感器信息融合技术	数据融合模型	包括功能模型、结构模型和数学模型，描述数据融合的主要功能和数据库
	融合算法	如分布检测、空间融合等，综合处理多个传感器的信息，提高感知精度和可靠性
导航与定位技术	视觉导航	利用摄像头采集图像信息，实现自主导航
	激光导航	利用激光雷达构建环境模型，实现精准定位和导航
	红外与超声波导航	利用红外或超声波测距，实现避障和定位
	GPS 导航	在室外或开阔环境中，利用 GPS 实现精准定位和导航

四、机器人的应用

机器人广泛应用于多个领域，如工业制造、客户服务、医疗健康、教育、家居生活、交通出行等。

- 工业制造。机器人可以替代人工完成焊接、喷涂、装配等工作；可以自动搬运物料，消耗较少的人力和物力；也可以对产品进行质量检测，确保产品质量等。

- 客户服务。机器人可以作为虚拟客服解答客户的问题，提供个性化服务；可以协助服务员完成点餐、送餐等工作；可以用于前台接待、客房服务等环节，提升客户体验。

- 医疗健康。机器人可以实现精准的手术操作，降低手术风险，提高手术成功率；可以帮助患者进行恢复训练；也可以协助护士完成患者的日常护理等。

- 教育。机器人可以为学生提供个性化的学习计划和辅导，提高学习效果；可以协助管理员完成实验器材的管理和维护工作，确保实验顺利进行。

- 家居生活。机器人可以实现家居自动化控制，如调节灯光、温度等；可以自动完成家庭清洁工作，减轻劳动负担。

- 交通出行。机器人可以实现汽车的自主驾驶；可以实现交通的智能管控，提高交通效率和安全性。

• 公共安全。机器人可以通过人脸识别、视频监控等技术实现安全防范；可以协助救援人员完成抢险救灾工作，减少人员伤亡和降低财产损失。

任务实施　分辨智能机器人

智能机器人与其他机器人的核心区别在于智能机器人具有感知、规划、决策等能力，能够独立自主地工作和完成复杂任务。本任务将分辨哪些机器人是智能机器人，哪些机器人不是智能机器人，请在表4-5中认为是智能机器人的位置标记"√"号，在认为不是智能机器人的位置标记"×"号。

表4-5　各类机器人及应用场景

机器人	应用场景	是否为智能机器人
服务机器人	能够接待客人、提供信息、送餐等，具备与人类进行交互的能力，能理解自然语言并做出相应的回应	
机械臂	能够执行重复性的任务，如焊接、喷涂、装配等，这些任务通常不需要复杂的决策能力	
自动驾驶汽车	能够利用先进的传感器、摄像头和人工智能算法，感知周围环境、识别障碍物、做出决策并控制车辆的行驶	
扫地机器人	能够自动在房间内移动，通过吸尘或拖地清洁地面，可以实现避障和路径规划	
割草机器人	能够在庭院或草坪上自动割草，无须人工干预	
教育机器人	能够与学生进行互动，提供个性化的学习体验，并根据学生的学习进度和能力调整教学内容和难度	
社交机器人	能够与人类进行社交互动，如聊天等，具备情感识别和表达能力	
自动售货机	能够在商场、地铁站、电影院等地提供饮料、零食、票务等自助服务	

🔑 项目实训

人工智能在医疗领域的杰出应用

1. 实训背景

在当今科技日新月异的时代，人工智能技术的不断创新正深刻改变着医疗服务方式，提升了医疗服务的水平。作为国产高端医疗设备的杰出代表，北京天智航医疗科技股份有限公司（以下简称"天智航"）生产的天玑骨科手术机器人，凭借卓越的技术实力和临床应用效果，在医疗领域引起了广泛关注，是人工智能技术在医疗领域的典型应用案例。

2. 实训目标

（1）了解人工智能技术在天玑骨科手术机器人中的具体应用。

（2）了解天玑骨科手术机器人的基本构成，以及各部分的作用。

（3）了解计算机视觉、智能机器人等技术在天玑骨科手术机器人中的应用。

3. 案例与分析

天玑骨科手术机器人是天智航的核心产品，是全球首款可在一台设备上实现脊柱、关节、创伤三大领域骨科手术全覆盖，可以实时追踪，能显著减少术中辐射并提高手术效率，使复杂手术简单化、常规手术标准化、开放手术微创化、医疗资源均等化的智能机器人。它尤其对微创术式、高风险区域手术具有明显优势，可有效降低手术风险、减少手术并发症。

骨盆骨折手术以往采用开放切开手术方式，因为骨盆及髋臼内包含脏器、血管、神经等，所以该手术不仅创伤大而且出血多，甚至可能出现大出血危及生命，是很多创伤医生的禁区。但是天玑骨科手术机器人可以通过精准置钉实现手术微创，显著提高手术安全性，同时减少术中的透视次数，降低辐射。

天玑骨科手术机器人系统由机械臂、光学跟踪系统、主控计算机系统构成，如图4-17所示。"透视眼""稳定手"是它的厉害之处，一举解决了骨科手术视野差、精准难、不稳定的三大难题。光学跟踪系统就像是天玑骨科手术机器人的"透视眼"，它通过高精度的图像采集和处理技术，不仅可以透视洞察肌肉骨骼的每一个深处，还能实时监控每一个手术环节；机械臂就是天玑骨科手术机器人

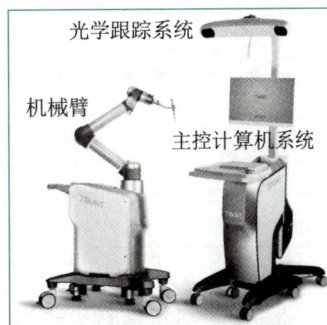

▲ 图4-17　天玑骨科手术机器人系统

的"稳定手"，其运动灵活、操作稳定，能达到亚毫米的精度；主控计算机系统就相当于天玑骨科手术机器人的大脑，它智能地将医生的想法传达给以上两个设备，帮助医生进行"路径规划"，其在手术中还能跟踪患者的移动，并实现机器人手臂位置的自动补偿，保障手术路径与计划路径一致。

天玑骨科手术机器人作为先进的医疗设备，融合了多项与人工智能相关的技术。

首先，天玑骨科手术机器人的机械臂头端具有360°主动示踪功能，这一功能通过主动红外发光设备来实现，确保机械臂头端在手术过程中全向追踪、无缝随动，没有盲区，避免手术过程中可能出现的卡顿。同时，机械臂头端配备有4个方向按键，并配有声光提示系统。医生在手术过程中无须抬头看屏幕，只需通过灯光与声音判断机械臂的执行情况，并随时通过按键手动调整方向。

其次，天玑骨科手术机器人自主研发了独立六刀截骨技术，并配备了专利十字截骨导槽。在手术过程中，医生可以根据术区暴露情况，通过机械臂头端控制功能、主被动执行功能，自由选择截骨顺序。机械臂会自动执行截骨平面的引导，并通过最优路径规划快速到达所有截骨面。同时，天玑骨科手术机器人支持2D和3D两种手术规划模式，并具备智能导航功能，医生可以在手术过程中实时调整和优化规划路径。

最后，天玑骨科手术机器人在运动过程中采用运动仿真策略，能够预判运动轨迹，避免与患者或操作者发生碰撞。在运动过程中，该机器人还可以采用关节力控制技术，在碰到障碍物时会自动停止，防止对医患造成外损伤。

请根据上述案例，分析并回答以下问题。

（1）天玑骨科手术机器人的"透视眼"如何利用计算机视觉技术实现手术视野的优化？

（2）天玑骨科手术机器人是如何体现智能机器人的自主性和安全性的？

（3）针对骨盆骨折手术，应用天玑骨科手术机器人比以往的手术方式好在哪里？

低资源语言处理技术

在全球化日益加深的今天，语言障碍成为制约跨文化交流的一大难题。对于那些使用低资源语言的人来说，由于缺乏高效的语言处理工具，他们在信息获取、教育、工作等方面面临诸多不便。随着低资源语言处理技术的不断发展，这一困境正在逐步得到改善。

低资源语言指的是那些缺乏足够标注数据和计算资源支持的语言，由于这些语言的用户群体相对较小，且缺乏相应的技术支持，所以在自然语言处理领域，这些语言往往被忽视。为了突破这一困境，科研人员正在积极探索低资源语言处理技术。这一技术可以利用有限的标注数据和计算资源，实现对低资源语言的有效处理和理解。其中，无监督学习、迁移学习、半监督学习和数据增强等成为研究热点。

无监督学习通过从大量无标注数据中提取有用的语言表示和知识，为低资源语言处理提供了新的思路；迁移学习则利用高资源语言上的预训练模型初始化低资源语言上的模型，通过微调少量的标注数据，实现对低资源语言的有效处理；半监督学习则结合少量的标注数据和大量的无标注数据，通过迭代训练提高模型的性能。

在未来，随着技术的不断发展，低资源语言处理技术有望在更多领域得到应用。例如，在本地化服务方面，可以开发针对特定地区的AI产品和服务，为当地用户提供更加便捷和贴心的服务；在教育工具方面，可以创建语言学习应用程序，帮助用户学习低资源语言。

低资源语言处理技术的发展为跨文化交流提供了新的机遇和挑战。我们相信，在科研人员的不断努力下，这一技术将取得更加显著的进展和突破，为构建多元文化和谐共生的美好世界贡献力量。

1. 单项选择题

（1）诊断型专家系统的主要用途是（　　　）。

　　A. 设计解决方案或产品

  B. 制订行动计划或策略

  C. 确定问题的原因

  D. 监控特定系统或环境

（2）第三代专家系统开始应用的技术有（ ）。

  A. 深度学习、强化学习   B. 简单的规则推理

  C. 单一的知识表示方法   D. 传统的算法

（3）计算机视觉中的二维视觉主要涉及（ ）等操作。

  A. 立体视觉、深度感知

  B. 边缘检测、形状分析

  C. 三维重建、物体追踪

  D. 目标检测、语义分割

（4）自然语言处理的核心任务不包括（ ）。

  A. 命名实体识别   B. 词性标注

  C. 语音合成   D. 图像分类

（5）机器人的三要素不包括（ ）。

  A. 感知   B. 运动

  C. 推理   D. 学习能力

（6）只能完成平移运动的机器人是（ ）。

  A. 直角坐标型机器人   B. 圆柱坐标型机器人

  C. 球（极）坐标型机器人 D. 关节型机器人

2. 简答题

（1）专家系统由哪些模块构成？

（2）计算机视觉中的三维视觉主要涉及哪些技术？

（3）自然语言处理的复杂性体现在哪些方面？

（4）机器人的关键技术包括哪些？

应用篇

 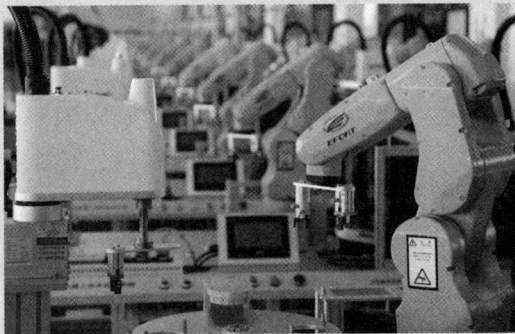

05

项目五 人工智能与行业

人工智能作为21世纪颠覆性的技术之一，正在以前所未有的速度改变着各行各业。随着大数据、云计算、物联网等技术的快速发展，人工智能的应用场景不断拓展。在教育、医疗、金融、交通及制造行业，人工智能已有丰富的应用成果。由此看来，人工智能已经成为推动社会发展的重要力量，也是未来科技竞争的关键领域。

本项目将学习智能教育、智能医疗、智能金融、智能交通、智能制造的内容，全面了解人工智能在这些行业中的应用情况，感受人工智能的变革性力量。

—— 学习目标

1. 熟悉在线教育、虚拟助教、VR/AR 虚拟课程等智能教育应用。
2. 认识智能问诊、医学影像识别、智能药物研发、医疗机器人等智能医疗应用。
3. 了解智能支付、智能风控、智能投顾等智能金融应用。
4. 知晓自动驾驶技术、智能红绿灯等智能交通应用。
5. 掌握智能生产线、工业机器人等智能制造应用。

—— 能力目标

1. 熟悉虚拟助教的功能，并体验 VR 虚拟课堂。
2. 分辨不同类型的医疗机器人。
3. 采取正确的智能支付行为完成支付操作。
4. 了解无人驾驶汽车的启动过程。
5. 知晓智能制造的优势。

—— 素养目标

1. 了解科技的快速发展，养成珍惜时间、努力学习的良好习惯。
2. 培养为人类创造福祉的崇高理想，将学习到的知识积极应用到社会和行业当中。

—— 思维导图

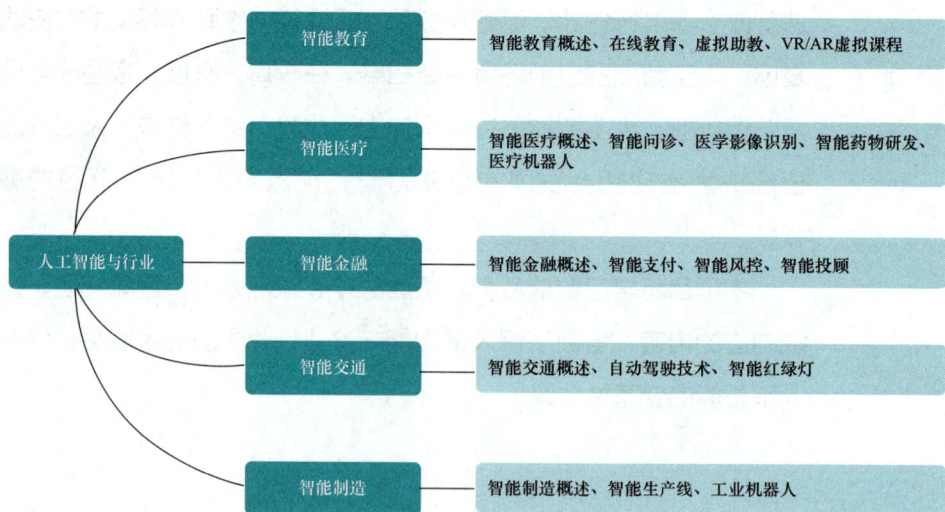

智能教育 —— 智能教育概述、在线教育、虚拟助教、VR/AR虚拟课程

智能医疗 —— 智能医疗概述、智能问诊、医学影像识别、智能药物研发、医疗机器人

人工智能与行业

智能金融 —— 智能金融概述、智能支付、智能风控、智能投顾

智能交通 —— 智能交通概述、自动驾驶技术、智能红绿灯

智能制造 —— 智能制造概述、智能生产线、工业机器人

任务一 智能教育

任务描述

智能教育作为智能时代的教育新形态，代表着教育智能化发展的新境界和新诉求，它正在逐步改变着传统的教育模式和学习方式。本任务将学习人工智能在教育行业的应用，然后定制个性化的虚拟助教，并体验 VR 虚拟物理课堂。

相关知识

一、智能教育概述

智能教育是指将人工智能技术深度融入教育行业，通过智能化的手段优化教育环境，从而推动传统教育模式、教学方法和学习体验发生根本性变革的一种新型教育模式。具体而言，智能教育意味着利用人工智能技术辅助教学、管理、评估和反馈等各个教育环节，以实现更高效、更个性化的教育服务。

教育作为知识与智慧传承的基石，一直以来都是按人与人之间言传身教的形式展开的，但这种教育方式始终面临一些问题或挑战，如个性化、公平化和规模化，如图 5-1 所示。智能教育的出现，可以很好地解决这些问题。

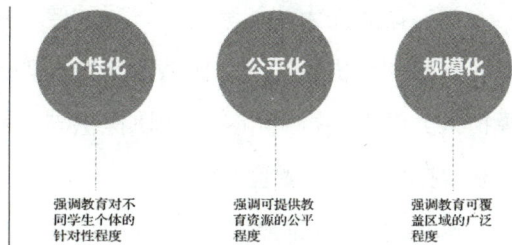

▲ 图5-1 传统教育待解决的问题

- 个性化。根据学生的学习情况、兴趣和能力定制学习计划，实时调整教学策略，提升学习效果。

- 公平化。利用在线平台和技术手段打破资源限制，将优质教育资源输送到偏远和经济欠发达地区，促进教育公平。

- 规模化。利用人工智能技术实现教育资源的规模化生产和分发，支持大规模教育服务，降低教育成本，提高教育效率，同时减轻教师负担，提升教育质量。

智能教育在近年来得到广泛的关注和快速的发展，在线教育、虚拟助教、VR/AR 虚拟课程等都是其常见的应用场景。

二、在线教育

在线教育是一种利用人工智能技术，如机器学习、自然语言处理、语音识别、图像识别等，定制个性化学习体验的在线教育系统。猿辅导便是常见的在线教育工具，它能够根据学生的学习行为、能力、偏好和进展，动态调整学习内容、路径、策略和反馈等，同时还提供了许多智能工具，如扫描图片解题、自动批改作业等。

总体来说，在线教育是实现个性化学习的重要手段，其个性化主要体现在以下几个方面。

- 学习内容个性化。根据学生的先验知识、能力水平、兴趣偏好等因素，动态地生成和推荐适合不同学生的学习内容，包括教材、练习、案例、视频等。

- 学习路径个性化。根据学生的目标、学习风格、学习节奏等因素，动态地规划和调整适合不同学生的学习路径，包括先后顺序、难易程度、时间长度等。

- 学习策略个性化。根据学生的认知特点、学习特点等因素，动态地提供适合不同学生的学习策略，包括提示、鼓励、激励等。

- 学习反馈个性化。根据学生的表现、需求、期望等因素，动态地给予和调整适合不同学生的学习反馈，包括评价、建议、奖励等。

三、虚拟助教

虚拟助教作为智能教育的一项重要应用，已经在教育实践中取得了显著的进展。虚拟助教是利用机器学习、自然语言处理等人工智能技术构建的软件代理或机器人，旨在模拟人类教师的行为和交互，以提供与传统课堂教学相似的学习支持和教育服务，让学生获得更好的学习体验。

虚拟助教可以回答学生的常见问题，解答学习疑惑，提供全天候的学习支持；可以自动批改作业，并即时给出反馈，减轻教师的工作负担；可以为教师提供学生的学习数据，帮助教师优化教学方法和策略；可以分析学生的学习数据，为每个学生提供定制化的学习计划和建议。

虚拟助教能够很好地理解和处理自然语言，提供更智能、更个性化的学习支持。近年来，虚拟助教逐渐引入语音识别、计算机视觉和虚拟现实等技术，丰富了交互方式，提供了更丰富的学习体验。

素养天地　智能教育可以方便学生学习，但也可能导致学生过于依赖智能教育平台或工具，使得自己的独立思考和问题解决能力下降。对于学生而言，应当合理使用智能教育平台或工具的功能，如智能解题功能、自动检查作业功能等，将其作为辅助工具使用。同时应坚持独立思考，提升自主学习能力，提高学习效果。

四、VR/AR虚拟课程

VR是一种利用计算机模拟产生一个三维空间的虚拟世界的技术，向用户提供关于视觉、听觉、触觉等感官的模拟效果，让用户如同身临其境，可以及时、没有限制地观察三维空间内的事物。图5-2所示为用户佩戴VR眼镜感受到的虚拟世界。

AR是一种将现实世界与虚拟世界集成在一起的技术。它可以通过数字技术模拟某些实体信息（如视觉、声音、味道、触觉等），并将其与现实世界叠加在一起，与用户进行交互。AR与VR的区别在于，VR是脱离用户当时所处现实环境营造出虚拟体验，而AR则是在用户所处的现实环境中增加虚拟的体验。图5-3所示为用户佩戴AR眼镜看到的虚拟图形。

▲ 图5-2　虚拟世界

▲ 图5-3　虚拟图形

从智能教育的角度来看，VR/AR技术在教育领域的应用正在逐步改变传统的教学方式，为学生提供更为丰富、高效和个性化的学习体验。例如，在历史、地理等学科中，VR/AR技术可以重现历史事件、创建地理景观等虚拟场景，使学生能够更好地理解课程内容；在物理、化学等实验性学科中，VR/AR技术可以创建虚拟实验室，使学生能够进行安全的实验操作和模拟。

任务实施

任务实施1　定制个性化的虚拟助教

虚拟助教作为现代教育的创新工具，具有显著的教学优势。它能够根据学生的学习情况与个性特点定制学习内容和方法，无论是课后难题还是课堂疑问，它都能提供实时帮助。同时，虚拟助教通过自动批改作业、生成学情分析报告等，减轻了教师的工作负担，提高了教学效率。本任务我们将化身为人工智能设计师，为自己设计一款个性化的虚拟助教。请根据自己的需求为虚拟助教设计相应的功能，说明实现该功能需要的人工智能技术，并将相关内容填写到下方的空白区域。

通过光学字符识别技术将作业转换为数字格式，并利用机器学习算法进行自动批改和反馈

自动批改作业

🔍 AI思考角

随着人工智能技术的不断发展，虚拟助教的功能也将更加完善。你认为虚拟助教是否能够代替教师独自开展教学工作？

任务实施2　体验VR虚拟物理课堂

VR虚拟课堂凭借沉浸式的交互体验，极大地提升了学生的学习体验。它不仅能够将抽象的知识具体化、可视化，让学生在仿真环境中亲身体验和操作，还能消除传统教学中的时空限制，提供更安全、更灵活的学习方式。本任务将体验十一维度网络科技有限公司开发的VR虚拟物理课堂，具体操作如下。

操作视频

体验VR虚拟
物理课堂

（1）使用浏览器搜索"VR+互动课堂"，单击搜索结果中标题为"VR+互动课堂"的超链接。

（2）进入"VR+互动课堂"首页，滚动鼠标至页面底部，选择"物理（原理调结式体验）"选项。

（3）进入所选物理实验的页面，单击 开始实验 按钮，如图5-4所示。

（4）开始进行VR虚拟实验。此时页面中将展示实验场景，旁白将提示实验的操作步骤，按照提示将相应的器材拖曳至场景中，如图5-5所示。

（5）当正确完成操作后，页面会自动提示下一步操作。为了方便观察，可以滚动鼠标调整场景的显示比例，按住鼠标左键不放便可调整场景角度，如图5-6所示。

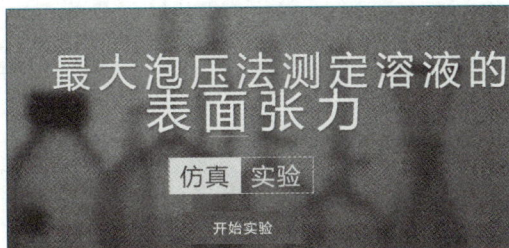

▲ 图5-4 开始实验

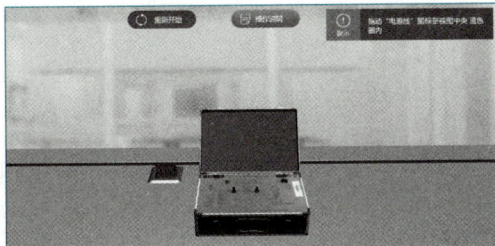

▲ 图5-5 拖曳器材

（6）按照相同的操作方法，一边根据提示完成实验步骤，一边调整场景以便更好地观察实验情况，直至完成实验，如图5-7所示。

▲ 图5-6 调整场景角度

▲ 图5-7 完成实验

任务二　智能医疗

任务描述

　　智能医疗具有提高诊断效率、降低医疗成本、改善患者体验、提升医疗质量和促进医疗创新等方面的显著好处。本任务将学习人工智能在医疗行业的应用，然后讨论人工智能对医疗行业的影响，以及分辨不同类型的医疗机器人。

相关知识

一、智能医疗概述

　　智能医疗是指通过应用人工智能、大数据、云计算等信息技术，实现医疗服务、健康管理、公共卫生等领域的智能化、数字化和精细化的新型医疗服务模式。这种模式旨在提高医疗服务的效率和质量，降低医疗成本，为人们提供更加便捷、高效、安全的医疗服务。

　　智能医疗的主要特点如下。

- 信息化。智能医疗实现了医疗信息的数据化和标准化，提高了信息处理效率。

- 个性化。智能医疗通过对患者数据进行深度分析，能够提供更加个性化的治疗方案和健康管理建议。

- 精准化。智能医疗能够充分利用大数据分析技术，提高疾病诊断的准确率，实现精准治疗。

- 智能化。智能医疗能够利用人工智能技术辅助医生进行诊断、治疗，甚至进行远程手术，提升医疗服务质量。

随着技术的不断发展，智能医疗已经取得显著的进步和广泛的应用，如智能问诊、医学影像识别、智能药物研发、医疗机器人等。

二、智能问诊

智能问诊是一种利用人工智能技术模拟医生问诊过程的医疗辅助手段，它结合了自然语言处理、机器学习、深度学习等先进技术，通过对话式交互收集患者的症状描述、病史信息等，进而对患者的健康状况进行初步评估和诊断。

在智能问诊过程中，系统通常会引导患者回答一系列问题，这些问题旨在全面了解患者的症状、病史、生活习惯等关键信息。系统会根据患者的回答，运用算法模型进行实时分析和推理，从而给出可能的疾病诊断、治疗建议或进一步的检查建议。

智能问诊的优势在于其便捷性和高效性。患者无须亲自前往医院，只需通过智能手机、计算机等终端设备与智能问诊系统进行交互，即可获取初步的医疗建议。这有助于缓解医疗资源紧张的问题，提高医疗服务的效率。

需要注意的是，智能问诊并不能完全替代医生的角色。虽然它能够提供初步的诊断建议，但疾病的诊断和治疗通常需要综合考虑多方面的因素，如体格检查结果、实验室检查结果等。因此，智能问诊的结果仅供参考，患者仍需根据医生的建议进行进一步的检查和治疗。

三、医学影像识别

医学影像识别是指利用计算机视觉、图像处理算法等人工智能技术，对医学影像进行分析和处理，以实现对病变和异常情况的自动化识别与判定，辅助医生快速、准确地识别影像情况。

医学影像识别的主要步骤如下。

（1）图像获取。通过不同的医学成像设备获取患者的影像数据。

（2）预处理。对获取的影像进行去噪、增强、标准化等处理，提升图像质量，为后续的分析做准备。

（3）特征提取。从影像中提取出有助于识别的特征，这些特征可以是图像的纹理、形状、边缘、颜色等。

（4）模式识别。利用机器学习或深度学习模型对提取出的特征进行分类或识别，区分正常的影像区域和异常的影像区域。

（5）结果解读。将识别结果以直观的方式呈现给医生，医生根据识别结果进行进一步的诊断和治疗。图5-8所示为CT影像智能识别结果。

医学影像识别不仅可以大幅减少医生解读影像的时间，还能识别出人眼难以察觉的细微病变，减少误诊和漏诊。更重要的是，医学影像识别可以应用于远程医疗，让医疗资源不足地区的患者也能享受到优质的医疗服务。

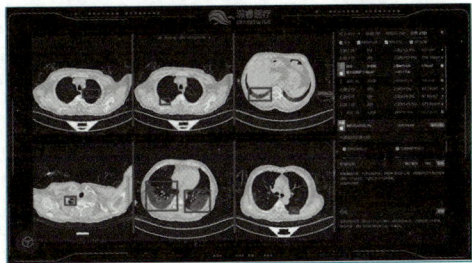
▲ 图5-8 CT影像智能识别结果

四、智能药物研发

传统药物研发耗时长、成本高、成功率低，智能药物研发凭借人工智能、大数据等技术的应用，可以显著缩短研发周期，降低研发成本，并提高研发成功率，为医药产业带来革命性的变革。

智能药物研发的过程比较繁复，涉及需求分析、靶点识别、药物分子设计与优化、临床前研究、临床试验、审批上市、优化改进等环节。其中，药物分子设计与优化是智能药物研发的核心环节之一。该环节首先需要利用虚拟筛选等技术，从化合物库中筛选出对靶点有初步活性的化合物，即苗头化合物；然后对苗头化合物进行进一步的优化和改造，通过多次实验验证，确定具有生理和药理活性的先导化合物；最后在先导化合物的基础上，进行结构优化和性质评估，确保候选药物具有足够的溶解度、渗透性、药代动力学性质和安全性。人工智能技术在这一过程中发挥了重要作用，它可以通过以下方式加速和改进药物研发过程。

• 提高药物设计效率。人工智能可以通过分析海量的药物分子数据，快速准确地筛选出具有潜在疗效的候选药物。这种高效的数据处理能力不仅缩短了药物研发周期，还降低了研发成本。

• 优化药物分子结构。人工智能可以利用深度学习算法模拟药物分子与靶点的相互作用，从而设计出具有更高活性和特异性的药物分子。

- 预测药物疗效和安全性。人工智能可以利用大量的临床实验数据和生物医学知识，通过建立预测模型评估药物的疗效和安全性。

- 发现新的药物靶点。药物靶点是药物发挥作用的关键部位，人工智能可以通过分析大量的基因组学和蛋白质组学数据，快速识别与疾病相关的潜在靶点，为药物研发提供新的方向和思路。

AI智慧讲堂

药物靶点是指药物在生物体内发挥治疗作用时与之结合并产生效应的生物分子。这些生物分子通常是细胞中的蛋白质，如受体、酶、离子通道、转运蛋白等，也可能是核酸、糖类或其他生物大分子。

五、医疗机器人

医疗机器人是应用于医疗领域的机器人技术，它能够辅助医生进行手术、照顾患者、进行实验室工作或完成其他医疗任务。医疗机器人能够提高手术精度和安全性，减少手术中的创伤和出血，缩短患者恢复时间，提高医疗服务效率，并减轻医护人员的工作负担。

医疗机器人的类型较多，如用于辅助外科医生进行微创手术的手术机器人，用于帮助患者恢复肢体功能的康复机器人，用于辅助医生进行疾病诊断的诊断机器人，以及用于药品配送、消毒清洁、病人护理等工作的医疗服务机器人等。不同类型的机器人具有不同的作用，以手术机器人为例，在手术开始时，医生在控制台前操作，通过显示屏观察患者的内部情况，手术机器人通过高清摄像头和传感器实时感知手术部位的情况，同时收集手术部位的图像和患者的生理参数；然后，手术机器人通过内部计算系统对这些数据进行分析，确定最佳的手术路径和切割深度，医生在控制台前通过手柄和脚踏板控制手术机器人的动作，手术机器人的机械臂精准地模拟人手的运动，执行切割、缝合等手术操作；在手术过程中，医生可以通过控制台与手术机器人进行交互，调整手术参数和策略，手术机器人也可以向医生实时反馈手术情况。

任务实施

任务实施 1　讨论人工智能对医疗行业的影响

人工智能对医疗行业的影响是非常深远的，它不仅改变了医疗服务方式，还能提升医疗服务质量、降低医疗成本并改善患者就医体验。本任务需要根据积累的经验和知识对比传统医疗与智能医疗，并完善表 5-1，然后讨论人工智能对医疗行业的影响。

表 5-1　传统医疗与智能医疗的对比

事项	传统医疗	智能医疗
疾病诊断		利用人工智能算法分析大量数据，提高诊断的准确性和效率
治疗方案	医生根据标准指南和经验制定治疗方案，可能缺乏个性化	
药物研发	药物研发周期长、成本高、失败率较高	
手术辅助		手术机器人辅助手术，提高手术精度，减少并发症，缩短恢复时间
远程监测	有限的远程监测，通常需要患者到医疗机构进行检查	
成本管理	医疗成本难以控制，存在不必要的检查和治疗	

任务实施2　分辨不同类型的医疗机器人

医疗机器人的出现与普及代表了医疗行业的巨大进步，它们在提升医疗服务质量、减轻医护人员负担、改善患者就医体验等方面发挥着重要作用。请根据表5-2所示的内容，判断医疗机器人的类型。

表 5-2　不同类型的医疗机器人

名称	作用	类型
天玑骨科手术机器人	用于骨科手术，提供精准的手术定位和操作	
骨圣元化机器人	为骨科手术提供三维导航，提高手术精准度	
康衡德智能护理床	监测患者生命体征，提供舒适的卧床体验	
哈工大智能轮椅	辅助行动不便的患者移动，提高其生活自理能力	
康多机器人	用于腹腔镜手术，辅助医生进行微创手术	
步态康复机器人	辅助中风患者进行步行训练	

任务三　智能金融

任务描述

人工智能与金融的融合发展正在深刻改变着金融行业的面貌。本任务将学习人工智能在金融行业的应用，然后判断各种智能支付行为的正确性。

相关知识

一、智能金融概述

智能金融是指运用人工智能、大数据、云计算等技术，对传统金融业务进行创新和改造，实现金融服务的智能化、个性化和便捷化。它涉及金融产品、服务、运营和监管等多个方面，旨在提高金融效率、降低成本、增强风险管理能力，并推动金融行业的创新发展。

智能金融具有以下特点。

- 透明性。智能金融可以使信息流变得更加公开与透明，这极大地减少了传统金融体系中存在的信息不对称问题，使金融交易更加公平与公正。

- 即时性。智能金融可以让用户即时获取所需的金融服务，不再需要经历烦琐的等待过程，这显著提高了金融服务的整体效率，为用户带来了更好的体验。

- 便捷性。智能金融可以使用户不再受限于时间和地点，可以随时随地通过互联网获取金融服务，具有极高的灵活性与便捷性。

- 个性化。智能金融下，金融机构能够根据不同用户的需求和偏好，提供更加贴合其需求的个性化服务。

- 高效性。智能金融下，金融机构能够迅速响应用户的各种需求，及时提供具有针对性的服务，这不仅提高了用户的满意度，也提高了金融机构的竞争力。

- 安全性。智能金融通过先进的数据加密技术、严格的身份认证及智能风控系统等手段，为用户和金融机构提供坚实的安全保障。

智能金融的应用场景很广泛，从智能支付到智能风控，再到智能投顾等，智能金融已在金融行业占据重要视野。

二、智能支付

智能支付是智能金融的典型应用，通过将人工智能与支付系统相结合，实现支付过程的自动化和智能化。在人工智能的加持下，人脸识别支付、指纹识别支付、虹膜识别支付等得以实现与应用。

- 人脸识别支付。通过捕捉用户的面部特征，并与数据库中的面部信息进行比对，实现身份验证和支付操作。这种支付方式的优势在于无须任何物理接触，用户只需在支付设备前"刷脸"便可完成支付。人脸识别支付广泛应用于超市（见图5-9）、餐厅、火车站等场景，

▲ 图5-9　超市中的人脸支付设备

提高了支付效率，缩短了支付等待时间。

- 指纹识别支付。用户在支付时，只需将手指放在指纹识别器上，系统便会迅速识别并完成支付。指纹识别支付具有较高的安全性，这是因为每个人的指纹都是独一无二的。此外，指纹识别支付设备普遍小巧便携，适用于手机、智能手表等多种终端设备。

- 虹膜识别支付。通过识别用户眼睛虹膜的独特纹理进行身份验证并完成智能支付。虹膜识别具有极高的准确性，被认为是目前最安全的生物识别技术之一。在支付时，用户只需将眼睛对准虹膜识别设备，便可快速完成支付。虹膜识别支付适用于对安全性要求极高的场景。随着技术的进步，虹膜识别支付有望在更多场景中得到应用。

三、智能风控

风控即风险控制，是指风险管理者采取各种措施和方法，降低风险事件发生的可能性，或降低风险事件发生时所造成的损失。智能风控是指利用人工智能、大数据、云计算等先进技术对金融业务中的风险进行识别、评估、监控等。

例如，人工智能在贷款前、贷款中和贷款后分别进行智能风控管理。

- 贷款前。利用人脸识别、指纹识别等技术验证用户身份，通过数据分析和机器学习算法评估用户的信用等级与违约概率。

- 贷款中。持续监控用户的交易活动、还款行为等，识别潜在违约风险。根据用户最新的财务状况、市场变动等动态调整风险评估和贷款条件。当用户的某些行为或指标达到预设的预警阈值时，自动发出预警。

- 贷款后。自动处理还款流程，制定个性化催收策略，并生成详细的风险报告。

四、智能投顾

投顾即投资顾问，是一种为用户提供投资建议的职业。智能投顾是一种基于算法和模型，为投资者提供自动化投资组合管理、财务规划和投资建议的金融科技服务。与传统的人工投顾相比，智能投顾具有服务费用相对低廉、投资门槛低、客户操作成本小等特点。

- 服务费用相对低廉。传统投顾通常由专业人士担任，管理费、佣金等人工成本较高。智能投顾基于计算机算法和大数据技术，能够高效地处理和分析海量信息，为投资者提供个性化的投资方案，产生的费用更低。

- 投资门槛低。传统投顾对投资者的资产规模有较高的要求。智能投顾则通过线上平台，为投资者提供便捷的投资顾问服务，降低了投资服务的门槛，能够使更多投资者享受到专业的投资顾问服务。

- 客户操作成本小。传统投顾的服务流程相对烦琐，投资者需要花费大量时间和精力研究市场与投资产品。智能投顾的服务流程简便快捷，投资者只需通过线上平台填写问卷或进行风险评估，智能投顾系统即可根据投资者的风险偏好和投资目标，为其量身定制个性化的投资方案。

任务实施　判断智能支付行为的正确性

智能支付中的生物识别技术，如人脸识别、指纹识别和虹膜识别等，为用户提供了便捷的支付体验。然而，如果使用不当，这些技术也可能导致安全风险。本任务需要判断表5-3所示的智能支付行为的正确性，认为是正确的标记"√"号，认为是错误的标记"×"号。

表 5-3　各种智能支付行为

智能支付行为	是否正确
用户在咖啡店使用手机上的指纹识别功能进行快速支付	
用户为了方便，使用照片或视频进行人脸识别支付	
在火车站自助售票机前，用户通过人脸识别快速完成车票购买	
用户在佩戴隐形眼镜或美瞳的情况下进行虹膜支付	
用户使用受损或仿造的指纹进行支付	
在超市结账时，用户佩戴口罩进行人脸识别支付	
在购买商品后，用户使用对方提供的劣质指纹识别设备进行支付	
在网上商城，用户通过人脸识别进行身份验证后完成支付	

任务四　智能交通

任务描述

智能交通实现了交通运输的实时监控、调度和管理，提高了交通运输效率，减少了交通事故，改善了交通环境。本任务将学习人工智能在交通行业的应用，然后探究无人驾驶汽车的启动过程。

相关知识

一、智能交通概述

智能交通是指运用人工智能技术、信息技术、通信技术、控制技术等，对传统交通运输系统进行改造，实现交通管理、交通服务、车辆控制等智能化的一系列技术手段和方法，目的是提高交通运输效率，缓解交通拥堵和减少交通事故，减轻环境污染，为公众提供安全、便捷、高效的出行服务。

智能交通的发展历程可以分为感知阶段、认知阶段和应用阶段。

- 感知阶段。通过各种传感器和设备对交通运行状态进行实时监测与数据采集，包括车辆流量、行驶速度、道路状况、气象数据等。这一阶段的关键技术包括传感器技术、数据采集和处理技术等。

- 认知阶段。通过对感知到的数据进行处理和分析，对交通运行状态进行判断和预测。这个阶段的关键技术包括图像处理、语音识别、机器学习等。

- 应用阶段。将认知阶段获得的信息应用于实际的交通管理系统中，实现交通的智能化调度和管理。这个阶段的关键技术包括车联网、智能交通系统等，例如自动驾驶技术和智能红绿灯便是其中较为常见的应用。

> **AI智慧讲堂** 车联网即车辆物联网，它是以行驶中的车辆为信息感知对象，借助人工智能技术和信息通信技术，实现车与车、车与人、车与路、车与服务平台之间的网络连接，目的在于为车主提供安全、舒适、智能、高效的驾驶体验与交通服务，同时提高交通运行效率，提升交通服务的智能化水平。

二、自动驾驶技术

知识拓展

汽车驾驶自动化分级

自动驾驶技术是一种通过集成人工智能、传感器和导航系统等先进技术，使车辆能够在无须人类驾驶员直接操作的情况下自动行驶的技术。根据自动化程度的不同，自动驾驶技术分为L0～L5共6个级别。L0级为无自动化，L1～L3级为辅助驾驶或条件自动驾驶，L4～L5级为高度自动驾驶和完全自动驾驶。

首先，自动驾驶系统通过激光雷达、摄像头、毫米波雷达等多种传感器实时监测车辆周围的环境，获取道路状况、交通标志、行人、其他车辆等信息；然后，自动驾驶系统基于环境感知信息，利用高精度地图和导航数据进行路径规划，确定最优行驶路线；最后，自动驾驶系统根据规划的路径和即时感知的环境信息做出驾驶决策，并通过车辆控制模块执行加速、减速、转向等操作。

自动驾驶汽车的未来应用场景非常广泛，无论是在城市环境还是其他特殊环境中，都有望看到自动驾驶汽车的身影。

- 智能物流。自动驾驶汽车可以用于智能物流，实现货物的自动配送，包括城市内的快递、餐饮外卖配送及长途运输中的原材料和产品运输。图5-10所示为顺丰速运的自动配送车。

- 公共交通服务。自动驾驶汽车可以应用于公共交通领域，如无人驾驶的公交车、轻轨和出租车等，能够提供更安全、更准时的公共交通服务。

▲ 图5-10 顺丰速运的自动配送车

- 特殊环境应用。在矿山等特殊环境中，自动驾驶汽车可以用于运送矿石、设备、人员等；在农业和林业领域，自动驾驶汽车可以用于自动化收割、播种、施肥等。

三、智能红绿灯

智能红绿灯是一个智能化的交通管理系统，它采用自适应控制算法和大数据分析，根据实时交通状况动态调整红绿灯的配时方案。例如，配备了智能红绿灯的某交叉路口，通过安装的传感器和摄像头等设备实时监测交通流量，如果智能红绿灯系统检测到某个方向的交通流量较大，便会自动延长该方向的绿灯时间，同时缩短其他方向的绿灯时间，以平衡各方向的交通流量。

智能红绿灯的基本工作原理如下。

- 数据采集。通过安装在路口的雷达、摄像头、传感器等设备，实时监测并采集路口的行车数量、车距、车速及行人数量等数据。

- 数据分析。利用大数据技术和先进的分析算法，对采集的交通数据进行处理和分析，以了解当前的交通状况。

- 信号控制。根据分析结果，智能红绿灯系统动态调整红绿灯的配时方案，改变绿灯时间、红灯时间等，以优化交通流量。

任务实施　探究无人驾驶汽车的启动过程

驾驶汽车时，人们一般通过钥匙或无钥匙启动装置启动汽车，那么无人驾驶汽车是如何被启动并开始行驶的？本任务将探究无人驾驶汽车的启动过程，请根据探究结果完善以下空白括号中的内容。

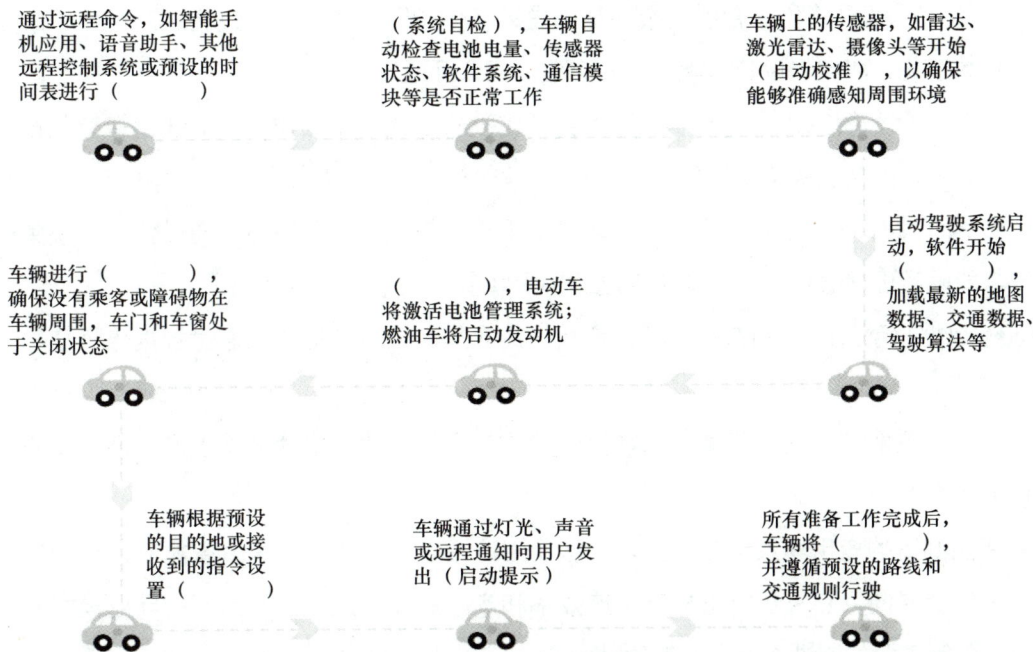

通过远程命令，如智能手机应用、语音助手、其他远程控制系统或预设的时间表进行（　　　　）

（系统自检），车辆自动检查电池电量、传感器状态、软件系统、通信模块等是否正常工作

车辆上的传感器，如雷达、激光雷达、摄像头等开始（自动校准），以确保能够准确感知周围环境

车辆进行（　　　　），确保没有乘客或障碍物在车辆周围，车门和车窗处于关闭状态

（　　　　），电动车将激活电池管理系统；燃油车将启动发动机

自动驾驶系统启动，软件开始（　　　　），加载最新的地图数据、交通数据、驾驶算法等

车辆根据预设的目的地或接收到的指令设置（　　　　）

车辆通过灯光、声音或远程通知向用户发出（启动提示）

所有准备工作完成后，车辆将（　　　　），并遵循预设的路线和交通规则行驶

🔍 **AI思考角**

　　完成探究后，请进一步讨论无人驾驶汽车在产生加速、减速、转向、停车、避障等行为时，是如何依靠人工智能技术或其他技术的？

任务五　智能制造

任务描述

　　智能制造正处于快速发展的阶段，其市场规模不断扩大，技术应用日益广泛，政策支持力度持续加大，产业链逐步完善，这些优势使其成为制造业转型升级的关键助推力。本任务将学习人工智能在制造行业的应用，然后了解智能制造的优势。

相关知识

一、智能制造概述

　　智能制造是一种革命性的生产方式，它融合了先进的信息技术、自动化技术、人工智能技术、物联网技术和大数据技术等，旨在创建高度灵活、高效和自主的制造系统。智能制造的核心特征如下。

- 数字化和网络化。智能制造的基础是数字化和网络化，其通过将生产过程中的各种信息数字化，以实现设备、生产线和企业的互联互通。

- 自动化和智能化。智能制造利用自动化设备替代人工操作，同时通过智能化技术实现生产过程的自主决策和优化。

- 系统集成。智能制造将企业的研发、生产、管理、服务等环节通过信息系统集成起来，能够实现信息流、物流和价值流的协同共享。

- 数据驱动。智能制造依赖于大量数据的收集、分析和应用，通过数据分析指导生产决策。

- 灵活性和适应性。智能制造能够快速响应市场变化，灵活调整生产计划，适应个性化定制需求。

智能制造的应用场景十分广泛，如智能生产线、工业机器人等。智能制造是制造业的未来发展方向，它不仅能够提高生产效率和产品质量，还能够创造新的商业模式和价值链，引领工业发展进入一个全新的时代。

二、智能生产线

智能生产线是指通过集成先进的自动化设备、智能控制系统和大数据技术，实现生产过程的自动化、智能化和柔性化的工业生产线，如图5-11所示。

通过引入机器人、自动化设备等，智能生产线能够实现生产流程的自动化操作，减少人工干预，提高生产效率；

▲ 图5-11 智能生产线

通过引入物联网技术和传感器技术，智能生产线能够实现生产过程的实时监控和控制，确保生产线稳定运行；通过引入大数据分析和人工智能技术，智能生产线能够对生产过程进行优化，提高生产效率和产品质量。

AI智慧讲堂

柔性化是指制造系统能够快速调整以适应市场需求变化、产品设计更新及制造过程变动的能力。柔性化生产是现代制造业发展的重要趋势之一，它通过引入先进的技术和管理理念，使生产系统更加灵活和高效，从而更好地满足市场需求。

智能生产线在各个行业都有广泛的应用。例如，在汽车制造中可以完成汽车零部件的焊接、喷涂、组装等工序；在电子产品制造中可以组装、检测和包装产品；在医药产品和食品制造中可以实现无菌操作、精准计量、自动封装等；在化工产品制造中可以减少人工介入，提高生产安全性。

三、工业机器人

工业机器人是指在工业自动化中使用的，能够自动控制，可以重复编程的多用途机器人。工业机器人通过应用机器学习、深度学习等人工智能算法，可以实现对环境的感知、理解和识别，从而提升自主决策和行动能力。

工业机器人主要由机械主体、传感器系统、驱动系统和控制系统等部分组成，如图5-12所示。

● 机械主体。其包括机座、机身、臂部、腕部和执行器（如夹爪或工具）等，这些部分构成了机器人的骨架和操作机构。

● 传感器系统。其包括视觉、触觉、力觉、距离等各类传感器，用于感知环境和反馈信息，使机器人能够适应环境变化。

▲ 图5-12　工业机器人

● 驱动系统。为工业机器人提供动力，如液压、气压、电动或混合驱动等，使机器人能够完成各种动作。

● 控制系统。控制系统是工业机器人的大脑，通常包括计算机硬件和软件，负责接收指令、处理信息和控制机器人的运动。

根据应用场景和功能的不同，工业机器人可以分为多种类型，如焊接机器人、磨抛加工机器人、激光加工机器人、喷涂机器人、搬运机器人、冲压机器人、真空机器人等，这些机器人在各自的领域内发挥着重要作用，提高了生产效率和质量。

> **素养天地**
>
> 进入智能时代，各行各业都受到人工智能的深刻影响，我们也需要紧跟人工智能的发展步伐，重视人工智能及其相关领域的学习，广泛涉猎机器学习、深度学习、自然语言处理等知识，并积极参与人工智能项目的体验与实践，培养在人工智能领域内的职业素养。同时，我们也应当保持积极的心态和乐观的态度，相信自己有能力适应这种变化，并勇于接受挑战和尝试新事物。

任务实施　了解智能制造的优势

智能制造通过先进的技术实现了生产过程的智能化，提高了生产效率和产品质量。本任务将通过对比传统制造与智能制造，了解智能制造的优势。请根据自己对智能制造的认知，填写表5-4所示的内容。

表 5-4　传统制造与智能制造的对比

对比维度	传统制造	智能制造
技术水平	依赖人工操作和经验，技术更新缓慢	
自动化程度	手动或半自动化，依赖人工操作	
生产效率	生产周期长，效率较低	
质量控制	依赖人工检查，质量不稳定	
能源消耗	能耗较高，资源利用率低	
灵活性	改变生产线配置困难，灵活性差	
产品创新	创新周期长，依赖研发团队	

项目实训

项目实训 1　探讨宁德时代的智能化转型

1. 实训背景

宁德时代是全球领先的动力电池研发制造公司，能取得这一成绩的原因在于宁德时代的智能化转型。宁德时代进行智能化转型有两个方面的原因，一方面，宁德时代面临制造工艺复杂、生产流程冗长、标准化程度低、质量检测低效等内部问题；另一方面，随着我国新能源汽车行业的迅猛发展，动力电池的市场需求急剧增加。为了优化生产方式，提高生产效率，满足市场需求，宁德时代开始探索并着手智能化转型。

2. 实训目标

（1）认识智能制造对企业生产的重要性。

（2）了解人工智能在智能制造中的具体应用。

3. 案例与分析

2014 年，宁德时代与 SAP 公司合作，引入 ERP、SRM（Supplier Relationship Management，供应商关系管理）、CRM 等核心系统，构建了以 ERP 为核心的管理信息系统，打通了运营前后端的整体价值链，这为宁德时代的智能化转型奠定了基础。

2015 年，宁德时代构建了物联网体系，包括终端控制、现场管理和产品生命周期管理3个层面。通过物联网技术，宁德时代实现了生产全过程的精准控制和产品全生命周期追溯。

2017年至2018年，宁德时代与天翼云合作，构建了物联网数据分析平台，提升了MES（Manufacturing Execution System，制造执行系统）的数据处理和存储能力，实现了数据驱动决策的新模式。

2019年至今，宁德时代在生产运营的各个环节中广泛而深入地应用人工智能技术，包括机器学习、图像识别、智能物流、视频智能监控等。特别是在质量管控方面，宁德时代与第四范式合作，构建了人工智能电池缺陷检测方案，显著提高了缺陷检测的准确率和效率。

转型后，宁德时代在原材料采购环节采用先进的材料检测技术，如使用X射线荧光光谱仪对金属成分进行分析，以确保每一批次的原材料都经过严格的质量检验；在电芯制造的涂布环节，宁德时代采用中央智慧工艺感知控制系统，能够实时调整涂布参数，确保涂布质量达到标准；在卷绕环节，宁德时代使用高速卷绕机，以确保材料紧密卷绕，并通过自动化设备减少人工干预，提高生产效率；在电池组装环节，宁德时代采用自动化生产线，配备多台机器人进行电池模块的组装，高效地完成电池单体的组装、焊接和封装等工序；在质量检测环节，宁德时代采用人工智能进行产品质量检测、机器视觉和超高速运动全量视频流检测等，实时分析电池的外观缺陷，确保产品质量；在物流环节，宁德时代采用智能物流调度系统，实现了物流终端控制、产品入库存储、搬运、分拣等作业的全流程自动化，显著降低了人力成本，提高了物流管理效率。

通过智能化转型，宁德时代的劳动生产率提高75%，能源消耗降低10%，电池缺陷率下降近30%，其在全球动力电池市场的装机量以32.6%的占有率遥遥领先。

请根据上述案例，分析并回答以下问题。

（1）宁德时代为什么要坚持智能化转型？

_____

_____

_____

（2）简述宁德时代智能化转型的过程。

_____

_____

_____

（3）分析宁德时代进行智能化转型后的智能制造情况。

项目实训2　人工智能应用下的航班延误预测

1. 实训背景

随着航空运输业的不断发展，航班延误问题日益受到关注。利用机器学习技术，可深入剖析并预测航班延误现象，以期为航空公司及乘客提供更为精准的运营与旅行规划依据。学生通过学习不仅能学习到如何在真实的行业背景下应用数据分析与机器学习技能，还能加深对航班运行复杂性的理解。

2. 实训目标

（1）熟练运用Python进行大数据处理与机器学习实践。

（2）掌握复杂数据集的清洗和特征构建技巧。

（3）理解并实践不同机器学习算法在预测模型中的应用。

（4）了解如何评估并提升模型的预测性能。

（5）在航空领域内应用数据分析解决实际问题的能力。

3. 案例与分析

人工智能最核心的是数据和算法，通过分析数据特征选择合适算法模型，清洗整理数据以方便模型训练，评估模型性能并调整算法进行优化。本实训围绕上述内容分为四个步骤（相关资料见配套资源）。

（1）数据清洗与特征工程

本阶段涉及原始航班数据的预处理，包括缺失值处理、异常检测与修正，以及关键特征的创造。通过这一过程，确保数据的质量，为后续分析奠定基础。

（2）探索性数据分析与可视化

利用图表和统计方法展示数据特性，分析哪些因素最可能影响航班准点率，比如天气条件、飞行距离、起飞时间等。可视化工具可帮助直观理解数据间的关系。

（3）机器学习模型构建

选取多种经典与前沿的算法（包括逻辑回归、支持向量机SVM、K近邻KNN、随机森林、xgboost）进行建模，并训练模型以区分航班是否会发生延误。

（4）模型评估与优化

实施交叉验证来测试模型的泛化能力，采用准确率、精确率、召回率等评价指标，对模型进行细致调优，找到最优预测模型。

前沿拓展

具身智能机器人

具身智能机器人是基于物理实体进行感知和执行的人工智能系统，它通常以人形机器人为载体，结合人工智能技术，在适应不同环境的基础上理解问题、获取信息、做出决策并行动，图5-13所示为正在装配汽车的具身智能机器人。与传统机器人相比，

▲ 图5-13 正在装配汽车的具身智能机器人

具身智能机器人具有更高的自主性、更强的适应性及更广的应用场景。具身智能机器人的核心是智能体，具备与环境交互感知的能力，以及基于感知到的任务和环境进行自主规划、决策、行动、执行等一系列行为的能力。具身智能机器人主要具有以下特点。

- "感知—行动"循环。具身智能机器人能够通过传感器等设备实时感知环境，并基于这些感知信息迅速分析并做出相应的行动决策，从而不断地通过感知指导行动，再通过行动反馈继续感知环境，形成一个连续的循环过程。

- 物理交互。具身智能机器人具备实体的物理形态，能够与环境进行直接的物理交互。

- 情境依赖。具身智能机器人的智能行为是在特定的情境下产生的，依赖于环境、任务及自身的状态。

- 动态适应。具身智能机器人能够根据环境的变化和任务的需求，动态调整自身的行为和策略。

具身智能机器人的发展得益于人工智能技术和机器人技术的融合。从卷积神经网络与机器学习模型的兴起，到深度学习模型的出现，再到多模态大模型的发展，具身智能机器人得到了强有力的技术支撑。目前，具身智能机器人仍处于发展阶段，尤其在制造业中，其性能和成本效益还需进一步提高。预计具身智能机器人将从工业生产、家居生活、医疗护理、灾难救援等领域融入人类社会。

思考练习

1. 单项选择题

（1）在线教育中，根据学生的学习行为、能力、偏好和进展，动态调整学习内容、路径、策略和反馈等的教育方式被称为（　　）。

    A. 个性化学习   B. 集体学习

    C. 标准化学习   D. 固定路径学习

（2）VR技术与AR技术的主要区别是（　　）。

    A. AR是脱离用户当时所处现实环境营造出虚拟体验，而VR则是在用户所处的现实环境中增加虚拟的体验

    B. VR是脱离用户当时所处现实环境营造出虚拟体验，而AR则是在用户所处的现实环境中增加虚拟的体验

  C．VR和AR都是在同一环境中增加虚拟体验

  D．VR和AR都是在同一环境中营造虚拟体验

（3）智能支付中，通过捕捉用户的面部特征，并与数据库中的面部信息进行比对，从而实现身份验证和支付操作的技术被称为（ ）。

  A．指纹识别支付   B．人脸识别支付

  C．虹膜识别支付   D．声音识别支付

（4）自动驾驶技术根据自动化程度的不同，分为（ ）级别。

  A．3个   B．5个

  C．6个   D．8个

（5）不属于工业机器人主要组成部分的是（ ）。

  A．传感器系统   B．驱动系统

  C．控制系统   D．行为系统

2．简答题

（1）简述虚拟助教在教育实践中的作用。

（2）简述智能医疗的主要特点。

（3）智能支付的支付方式有哪些？

（4）简述智能交通的发展历程。

（5）什么是智能生产线？

06

项目六　人工智能与生活

　　人工智能对人们的生活产生了重要影响，智能出行可以提高出行效率、增强出行安全；智能家居可以方便饮食起居、提升生活质量；智能穿戴设备可以辅助健康管理、丰富生活体验；智能购物则可以简化购物流程、提升购物体验等。随着人工智能技术的不断发展，人工智能对人们生活的影响更加深入，传统的生活方式将发生颠覆性的变化。

　　本项目将学习智能出行、智能家居、智能穿戴设备、智能购物的内容，全面了解人工智能对人们生活的多方面影响，感受人工智能为人们生活带来的便捷。

—— 学习目标

1	熟悉智能导航、智能停车、低空飞行等智能出行的应用。
2	熟知智能家居的组成和应用场景。
3	认识智能穿戴设备的核心技术和常见的智能穿戴设备。
4	熟悉智能推荐系统、虚拟试衣间、智能客服等智能购物的应用。

—— 能力目标

1	了解人工智能在智能停车中的应用。
2	打造智能家居方案。
3	大胆想象未来的智能服饰。
4	轻松体验虚拟试衣间。
5	熟练地与智能客服聊天。

—— 素养目标

| 1 | 通过接触生活中的人工智能技术和应用，进一步认识人工智能产生的影响，并主动且积极地学习相关知识。 |
| 2 | 在享受人工智能为生活带来便捷的同时，不能过度依赖人工智能，要培养独立思考、热爱劳动等良好习惯。 |

—— 思维导图

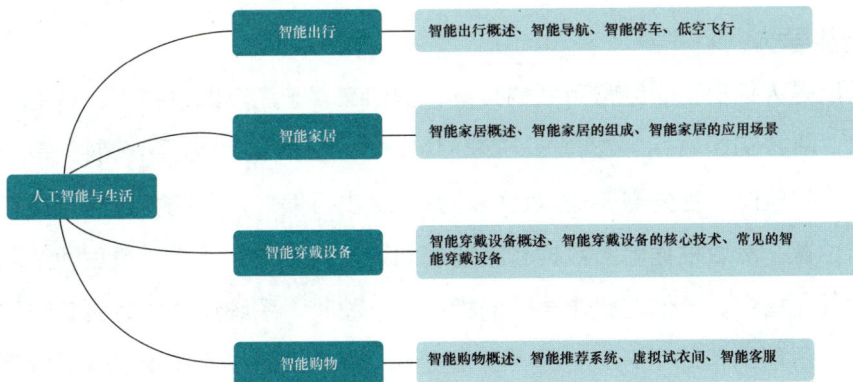

任务一　智能出行

任务描述

　　智能出行不仅能提高人们的出行效率和安全性，还可以为环保节能做出贡献，提升城市管理水平，是构建智慧城市的重要组成部分。本任务将学习智能出行在日常生活中的应用，然后分析人工智能在智能停车中的应用。

相关知识

一、智能出行概述

　　智能出行也称为智慧出行，是指利用移动互联网、云计算、大数据、物联网、人工智能等技术，改变传统的出行方式，形成线上资源合理分配、线下高效优质运行的新型出行方式，以提高人们的出行效率，并提升出行的安全性、舒适性和环保性。

　　智能出行的特点如下。

- 高效性。智能出行能够有效缓解交通拥堵，提高出行效率。
- 便捷性。智能出行可以让用户借助移动应用、智能设备等，轻松规划和管理出行事宜。
- 安全性。智能出行应用了智能监控系统，能够提高出行的安全性。
- 环保性。智能出行鼓励使用新能源车辆和共享出行方式，可以减少环境污染。
- 个性化。智能出行能够根据用户的需求和偏好提供定制化的出行方案。

　　随着科技的不断发展和社会经济水平的不断提高，智能出行的应用更加广泛，如智能导航、智能停车、低空飞行等。

二、智能导航

　　智能导航是人们出行时经常用到的工具，例如在驾驶汽车的过程中，智能导航软件会实时发出"前方50米右拐""前方一千米拥堵，预计通行时间需要4分钟"等指令和提示。使用智能导航时，首先需要输入目的地并设置出行偏好，系统将通过卫星定位确定我们的当前位置，然后根据地图数据和路线规划算法计算最佳路线，最后通过用户界面展示路线和导航指令。人们在智能导航的指引下行驶时，系统还会实时更新位置和路线信息。在智能导航的帮助下，无论是熟悉还是陌生的地方，人们都能顺利且安全到达，这极大地方便了人们的日常出行。

智能导航的核心技术涵盖多个方面，这些技术共同构成智能导航的基础，使其能够在复杂多变的环境中实现自主导航。

- 卫星定位系统。利用卫星信号确定人们的具体位置。

- 地理信息系统。存储和管理地理空间数据，包括地图、地形、交通网络等。

- 实时交通信息处理。通过交通传感器、摄像头、浮动车辆数据等收集实时交通信息，并使用数据融合和滤波技术处理交通数据，以预测交通状况。

- 路径规划算法。使用Dijkstra算法寻找最短路径，使用A*算法结合启发式搜索提高搜索效率，使用D*算法在动态环境中进行路径规划，使用蚁群算法、遗传算法等优化算法在复杂网络中优化路径。

知识拓展

各种路径规划算法

- 人工智能技术。使用机器学习算法识别、预测交通模式并提供个性化服务，使用自然语言处理进行语音识别和交互，使用深度学习算法提升导航系统的智能水平和决策能力。

- 传感器技术。使用加速度计、陀螺仪、磁力计等传感器辅助定位和导航。

- 移动通信技术。利用4G/5G网络实现数据的快速传输。

三、智能停车

智能停车是指综合应用无线通信技术、移动终端技术、卫星定位技术、人工智能技术等，对城市停车位进行采集、管理，实现停车位资源的实时更新、查询、预订与导航服务一体化，目的是让车主更方便地找到车位，提高停车位资源的利用率，减少停车位资源的浪费，解决停车难的问题。

1. 智能停车的过程

假设一位车主在前往一个商业中心时需要找到停车位，他可以通过智能手机中的停车App输入目的地，并查询附近的停车场及其空余车位情况。智能停车系统会实时更新并显示各个停车场的空车位数量，这些数据通常由安装在停车场的地磁传感器、摄像头或超声波传感器收集的。车主在停车App上选择一个合适的停车场，并预订一个车位，即可预先支付停车费用，这样可以避免到达停车场后排队等候支付。预订成功后，智能停车系统会生成一个二维码或预订号，车主在到达停车场时便可使用。随后，智能停车系统会提供车主从当前位置到预订停车场的最佳导航路线，帮助车主快速到达停车地点。当车主到达停车场入口时，自动车牌识别系统会识别车牌号，并与预订信息进行匹配，信息匹配成功后，停车场的入口闸机自动打开，允许车辆进入。如果车主在停车场内迷路，还可以通过停车App获取反向寻车服务，智能停车系统会提供从车主当前位置到车辆所在位置的导航路线。当车辆到达停车位后，智能停车系统会根据车辆进入和离开的时间自动计算停车费用，如果预先使用了无感支付，车主可以直接驾车离开停车场，出口闸机会自动识别车辆并放行；如果未预先支付，车主可以通过移动支付、刷卡或现金支付停车费用。

> **AI智慧讲堂**
>
> 无感支付是一种通过车牌识别技术与银行卡捆绑实现快捷支付的支付方式，主要应用于停车、加油等场景。用户需要在银行或相关平台授权商户将车牌信息与支付账户绑定，在支付时，系统会自动识别车牌并进行扣款，无须人工操作，实现了"一次签约、永不扫码"的便捷支付体验。

2. 智能停车的核心技术

智能停车的核心技术如下。

- 大数据技术。收集传感器、移动设备和自动车牌识别系统等的数据，对收集的数据进行分析，对历史数据进行挖掘，为更好地规划停车位资源提供数据支撑。

- 物联网技术。实现智能停车系统中各个设备间的互联互通，以及数据的收集和传输。

- 传感器技术。通过地磁传感器、摄像头、超声波传感器等实现车辆的自动计数和识别。

- 导航技术。通过卫星定位系统为车主规划最佳路径。

- 人工智能技术。分析和预测停车需求，优化停车位的资源分配。通过摄像头捕捉图像，利用计算机视觉技术检测车位是否被占用，以及识别车牌号等信息。

四、低空飞行

低空飞行是指距离地面100~1000米的飞行，它是智能出行中一个新兴且极具发展潜力的应用领域，它结合了人工智能、无人驾驶、电动化等先进技术，旨在通过空中交通方式提高出行效率和安全性。

目前常见的低空飞行器可分为直升机（Helicopter）、无人机（Unmanned Aerial Vehicle，UAV）、电动垂直起降飞行器（electric Vertical Take-off and Landing，eVTOL）3类。

- 直升机。直升机是一种通过旋转的螺旋桨产生升力的飞行器，它不需要跑道，可在小面积场地实现垂直起降，能在空中悬停，适合在复杂环境中作业，广泛应用于紧急救援或商务飞行。

• 无人机。无人机是一种无须载人便可远程操控或自主飞行的飞行器，如图6-1所示。它依靠电力或燃油驱动，通过遥控或自主导航系统控制飞行。无人机有许多类型，包括固定翼无人机、旋翼无人机、扑翼无人机等，在农业植保、地理测绘、物流配送、影视拍摄等领域有着广泛应用。随着技术的发展，无人机的智能化水平将不断提高，能够完成更加复杂的任务。

▲ 图6-1 无人机

• 电动垂直起降飞行器。电动垂直起降飞行器是一种依靠电力驱动，能够垂直起降的飞行器，如图6-2所示。它通常应用于城市空中交通，是智能出行的重要发展领域。电动垂直起降飞行器采用分布式电推力系统，具有高效能、低噪音、环保等优点，其设计灵活多变，可以根据不同的应用场景进行定制化开发，非常适用于观光旅游、空中出行等场景。

▲ 图6-2 电动垂直起降飞行器

任务实施　分析人工智能在智能停车中的应用

人工智能在人们日常出行中的应用正变得越来越广泛，这不仅提高了出行的安全性和便利性，还推动了整个交通行业的技术革新和商业模式变革。请根据表6-1所示的智能停车的应用场景，分析在该场景中用到的人工智能技术，并将分析结果填写到表6-1中。

表6-1　智能停车的应用场景

应用场景	主要应用的人工智能技术
进入停车场时自动打开闸门	使用计算机视觉技术识别车牌号
实时显示停车场的空车位数据	
提供从车主当前位置到预订停车场的最佳导航路线	
车主通过无感支付支付车费	
停车位对已停车辆自动计费	
车主通过停车 App 提前预约停车位	

任务二　智能家居

任务描述

　　智能家居集多种先进技术于一身，极大地提高了家庭生活的便利性和舒适度。本任务将学习智能家居的知识，然后尝试以设计师的身份打造一个智能家居环境。

相关知识

一、智能家居概述

　　智能家居是一种利用先进技术对家庭环境进行智能化管理和控制的系统，它以住宅为平台，综合应用物联网技术、网络通信技术、自动控制技术、人工智能技术等，将家中的各种设备，如照明设备、安防设备、音视频设备、空调设备等连接起来，实现集中管理与智能控制。智能家居的主要特点如下。

- 集成性。通过中央控制系统或智能终端，用户可以统一管理和控制家中的所有智能设备，实现一键操作和场景联动。

- 安全性。智能家居系统具备强大的安全防护功能，如实时监控、异常报警、远程控制等，可以有效保障家庭安全。

- 舒适性。智能家居系统可以根据用户需求自动调节家居环境，如温度、湿度、光照等，提供更加舒适的居住体验。

- 便利性。用户可以通过手机App、语音助手等随时随地控制家中的智能设备，享受便捷的生活服务。

- 节能性。智能家居系统可以实时监测和调整家电的运行状态，实现节能减排，降低能源消耗。

二、智能家居的组成

　　智能家居主要由主控设备、传感器、执行器、控制终端和通信网络等部分组成，这些部分共同协作，实现了家居生活的智能化、便捷化、舒适化。

- 主控设备。主控设备即智能家居控制系统或智能家居中控主机，是智能家居系统的核心部分，负责接收指令、处理信息并控制其他智能设备。常见的主控设备包括智能中控屏（见图6-3）、

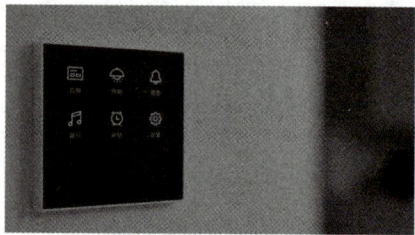
▲ 图6-3　智能中控屏

智能网关、智能音箱等，分别用于实现人机交互、设备连接和语音控制。

- 传感器。传感器用于采集家居环境的各项参数，如温度、湿度、光照强度、人体活动强度等，并将这些数据传输给主控设备。常见的传感器包括温度传感器、湿度传感器、光线传感器、人体感应器、门窗传感器等。

- 执行器。执行器负责接收主控设备发出的指令，并执行相应的操作，如开关灯、调节空调温度、开关窗帘等。常见的执行器有智能插座、智能灯泡、智能门锁、电动窗帘电机等。

- 控制终端。控制终端是用户与智能家居系统进行交互的界面，可以是手机App、平板电脑等。通过控制终端，用户可以远程查看家居状态、控制家居设备、设置场景模式等。

- 通信网络。通信网络是智能家居系统中各个设备之间传输数据的桥梁。常见的通信方式有Wi-Fi、紫蜂（ZigBee，一种低速短距离传输的无线网上协议）、蓝牙、红外线等。通信网络需要具备稳定、快速、安全的特点，以确保智能家居系统能正常运行。

三、智能家居的应用场景

智能家居的应用场景丰富多样，根据生活区域的不同，其功能各具特色，下面列举智能家居的部分应用情况。

- 智能厨房。智能厨房注重便捷性、安全性和高效性，通过智能化设备提升烹饪体验，能够让厨房生活更加舒适、健康。例如，智能橱柜灯能够自动感应并亮起，亮度可以通过语音控制；智能冰箱能够实时监测食物存储情况，通过屏幕显示食物保质期、存储温度等信息；智能油烟机能够根据烹饪产生的油烟大小进行智能调整等。

- 智能客厅。智能客厅注重娱乐、舒适和便捷性，通过智能化设备提升家庭生活的品质。例如，智能灯光系统能够根据时间、光线等条件自动调节灯光亮度、色温，营造舒适的氛围；智能电视可以通过语音控制、手势识别等多种交互方式播放节目；智能音箱支持语音控制、蓝牙连接等功能，能够根据个人喜好播放音乐、新闻等内容，并通过语音控制音量大小和音效。

- 智能卧室。智能卧室注重舒适性、安全性和便捷性，通过智能化设备提升睡眠质量。例如，智能窗帘能够根据时间、光线等条件自动开关，也可通过手机、语音等控制方式实现开关和调节；智能床能够根据个人的体型和睡眠习惯自动调节床垫的软硬度、高度等参数，实时监测睡眠质量；智能空调能够根据室内温度、湿度等条件自动调节工作模式，提供舒适的睡眠环境。

任务实施　设计智能家居

智能家居极大地方便了人们的生活，本任务以智能家居设计师的身份，为一个家庭打造智能家居环境，并填写表6-2。

表6-2　智能家居打造方案

区域	智能家居设备	功能描述
玄关	智能门锁、智能摄像头	远程控制门锁、监控门口动态
玄关	智能鞋柜	消毒、烘干、除臭

> 🔍 **AI思考角**
>
> 从人工智能、大数据、物联网等技术的角度，进一步讨论家中每个区域的智能家居设备的实现方式。

任务三　智能穿戴设备

任务描述

随着移动互联网、物联网、大数据和人工智能等技术的发展，智能穿戴设备已经成为人们生活中较为常见的应用，极大地丰富了人们的沟通方式和生活体验。本任务将学习智能穿戴设备的内容，然后畅想未来的智能服饰可能具有哪些功能。

相关知识

一、智能穿戴设备概述

智能穿戴设备也称可穿戴设备，是集成传感器、无线通信和人工智能等技术的便携式智能电子设备。作为新兴科技产品，智能穿戴设备正逐渐融入人们的日常生活，并在健康管理、运动健身、信息交互等方面发挥重要的作用。智能穿戴设备主要具有以下特点。

- 可穿戴性。智能穿戴设备可以被长时间穿戴，能够满足不同的穿戴需求，不会造成不适感，并且在被穿戴过程中能采集到需要的数据。

- 智能移动性。智能穿戴设备能够长久有效地采集数据，并且将采集到的数据传输到数据终端或云端，数据在运动或移动过程中通常不会发生损坏、丢失和采集错误等情况。它能对人体的基本活动进行简单的预估和判断，并针对不同的行为采集不同的数据。

- 人机交互性。智能穿戴设备一般具有多样化的交互方式，如语音交互、手势交互等，并且可以实时监测用户的状态和数据，为用户提供及时的反馈和建议。

二、智能穿戴设备的核心技术

智能穿戴设备的核心技术包括人机交互技术、传感技术、数据处理与分析技术、无线通信技术等。

- 人机交互技术。人机交互是智能穿戴设备的设计基础。通过传感器、触摸屏、语音识别等技术，智能穿戴设备能够与用户进行各种交互。

- 传感技术。传感技术是智能穿戴设备的核心技术之一，它利用内置的多种传感器，如加速度传感器、陀螺仪、心率传感器等，感知用户的行为和心率、血压等生理状态。基于传感器采集到的数据，智能穿戴设备能够更准确地感知用户状态。

- 数据处理与分析技术。借助大数据、机器学习算法和云计算等技术，智能穿戴设备可以对传感器采集到的数据进行实时处理和分析。

- 无线通信技术。无线通信技术是智能穿戴设备与其他设备或网络进行通信的关键。通过蓝牙、Wi-Fi或移动网络等无线通信技术，智能穿戴设备可以接收和发送数据，实现与手机、计算机或云服务器的连接。

三、常见的智能穿戴设备

智能穿戴设备各具特色，能够满足用户在不同场景下的需求。从健康监测到娱乐通信，再到时尚配饰，智能穿戴设备丰富多样。

• 智能手表。智能手表的设计时尚多样，通常配备了触摸屏和实体按键，操作便捷，如图6-4所示。智能手表不仅具备传统手表显示时间的功能，还具备消息提醒、健康监测（如心率、血压）、运动追踪、移动支付等功能。部分高端智能手表还具有独立的操作系统，可以安装第三方应用，实现更多功能。

• 智能手环。智能手环轻便小巧、佩戴舒适，如图6-5所示。智能手环主要专注于运动健康监测，包括步数统计、卡路里消耗、睡眠质量分析等。部分智能手环还具备来电提醒、信息推送等功能。

• 智能眼镜。智能眼镜设计时尚，价格较高，在市场上的普及率相对较低，如图6-6所示。智能眼镜将眼镜与智能手机相结合，提供导航、拍照、视频通话等功能，部分高端智能眼镜还具有AR功能，可以为用户带来更丰富的沉浸式体验。

• 智能耳机。智能耳机设计小巧便携，通常配备了专用的充电盒，如图6-7所示。智能耳机除了具备高音质音频播放、通话降噪、触控操作等基本功能外，还具备语音助手唤醒、运动监测、健康监测等高级功能。

▲ 图6-4　智能手表　　▲ 图6-5　智能手环　　▲ 图6-6　智能眼镜　　▲ 图6-7　智能耳机

素养天地　　在日常生活和学习中，我们可以积极接触现代科技产品，无论是使用、试用，还是通过各种渠道进行了解等，都能够认识到科技在日常生活中的应用和重要性，也能够激发探索新兴技术的兴趣。

任务实施　畅想未来的智能服饰

科技的蓬勃发展可以让我们大胆想象，未来的智能服饰将不仅仅是简单的衣物，还可能是集成高级材料科学、人工智能、物联网和生物技术等多学科的高科技产品。本任务需要我们发挥想象力，畅想未来智能服饰可能具有的功能，并完善以下内容。

在衣物中嵌入微型传感器，监测环境温度和用户体温，实时调温

自动调温

任务四　智能购物

任务描述

　　智能购物的兴起与发展，不仅提升了用户的购物体验，也推动了零售业的转型升级，为经济发展注入新的活力。本任务将学习智能购物的基本内容，然后体验虚拟试衣间并与智能客服交流。

相关知识

一、智能购物概述

　　智能购物是一种结合先进技术和智能算法的购物方式，它利用大数据分析、人工智能、物联网等技术，为用户提供更加便捷、高效和个性化的购物体验。智能购物具有以下特点。

　　• 个性化。智能购物平台可以对用户的购物历史、浏览行为和偏好等进行分析，为用户提供个性化的商品推荐和购物体验。

　　• 高效便捷。智能购物平台可以优化购物流程，提高购物效率，使用户体验便捷的购物过程。

　　• 全渠道融合。智能购物不局限于线上购物，还涵盖线下零售，通过线上线下融合，为用户提供全渠道的无缝购物体验。

智能购物在智能推荐系统、虚拟试衣间和智能客服等方面都有实际应用。随着5G、物联网和人工智能等技术的不断发展，智能购物将提供更加丰富的购物体验。

二、智能推荐系统

智能推荐系统通过分析用户的行为、偏好以及历史数据，向用户提供个性化的商品或服务推荐。智能推荐系统利用大数据分析和机器学习算法，深度挖掘用户数据，构建用户画像，从而实现对用户需求的精准预测和满足。

在智能购物领域，智能推荐系统已成为电商平台不可或缺的一部分。它不仅能够帮助用户快速找到符合其需求的商品，提高购物效率，还能够通过个性化推荐优化用户的购物体验，提高用户的满意度和忠诚度。

智能推荐系统的具体应用如下。

- 个性化商品推荐。基于用户的历史购买记录、浏览行为、兴趣爱好等数据，为用户推荐符合其需求和偏好的商品。

- 实时推荐与更新。实时监控用户的浏览、点击、加购等行为，并据此实时更新推荐结果。

- 用户行为追踪与分析。实时追踪用户行为，分析用户在电商平台上的交互数据，帮助商家更准确地了解用户需求，优化商品结构和营销策略。

- 营销自动化与定制化。实现广告投放和营销策略的自动化处理，为用户推荐符合其兴趣的商品和优惠活动，提高营销效率。

三、虚拟试衣间

虚拟试衣间是一种利用计算机图形学、VR、AR以及人工智能技术，为用户提供在虚拟环境中试穿衣物的新型购物体验工具，用户无须实际脱衣更换衣物，便能达到选装、换装和查看试衣效果的目的。

1. 虚拟试衣间的类型

根据使用技术的不同，虚拟试衣间可以分为以下几类。

- 基于图像的虚拟试衣间。这类虚拟试衣间分为2D虚拟试衣间和3D虚拟试衣间，其中，2D虚拟试衣间是让用户上传照片，将服装图片叠加在用户照片上，实现简单的试穿效果；3D虚拟试衣间则是利用3D建模技术创建用户的虚拟形象，并将服装的3D模型贴合在用户的虚拟形象上，从而提供立体的试穿体验。

- 基于AR技术的虚拟试衣间。这类虚拟试衣间一般通过摄像头捕捉用户的实时影像，利用AR技术将服装模型实时叠加在视频流上，实现虚拟试穿。有的商店还会安装AR

试衣镜，用户站在镜子前便可进行试穿，如图6-8所示。

● 基于VR技术的虚拟试衣间。这类虚拟试衣间是让用户戴上VR眼镜（见图6-9），仿佛进入一个虚拟空间，在其中试穿各种衣服。

▲ 图6-8　AR试衣镜

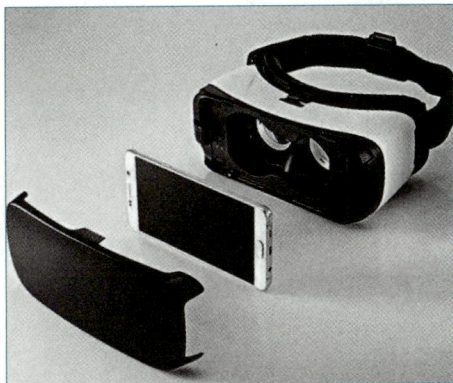

▲ 图6-9　VR眼镜

2. 虚拟试衣间的应用

无论是线上还是线下，虚拟试衣间在多个行业领域都有广泛的应用空间。

● 线上购物平台。用户在线上购物平台上选择服装时，可以通过虚拟试衣间预览穿着效果，降低退货率。

● 实体零售店。用户可以在实体零售店通过虚拟试衣间快速试穿多套服装，节省购物时间。

● 移动应用。用户通过手机应用在任何地方都能进行虚拟试穿，并将试穿效果分享到社交媒体。

● 服装展示。服装设计师可以在服装上市前，通过虚拟试衣间预览服装效果，或通过虚拟试衣间展示服装。

● 游戏角色定制。在游戏中集成虚拟试衣间，让用户为游戏角色试穿并购买各种服装，打造专属的角色。

四、智能客服

智能客服通过使用人工智能技术为用户提供自动化客户服务解决方案。它通过机器学习、自然语言处理、语音识别等先进技术，实现与用户的自然语言交流，并提供快速、准确的问题解答和业务办理服务。智能客服主要具有以下功能。

● 自动问答。智能客服能够基于预设的问题和答案库，自动回答用户提出的问题，无须人工干预。这一功能可以节省大量的人力成本，提高服务效率。

● 自助服务。智能客服可以提供自助查询、自助下单、自助退换货等各种自助服务，用户可以通过自助系统获取所需的信息和服务，无须等待人工客服的介入。

- 工单分配。智能客服可以根据用户的问题类型和重要性，智能分配和管理工单，这有助于优化客服资源的配置和响应时间，确保用户的问题得到及时、有效的解决。

- 智能推荐。基于用户的行为、偏好和需求，智能客服可以为用户推荐相关的商品或服务，提高销售转化率。

随着人工智能技术的发展，智能客服的应用也更加广泛，它不仅可以承担大量的售前咨询和售后服务工作，也可以通过QQ、微信等在线平台与用户沟通，解答用户的问题，还支持电话、短信等多种语音交互方式，协助用户完成各种操作，如信息查询、服务预订等，为用户提供更加便捷的服务体验。

任务实施

任务实施 1　使用微信小程序体验 AI 试衣

下面在手机微信中搜索"AI试衣"，然后利用"AI试衣镜"小程序完成试衣，具体操作如下。

（1）打开手机微信App，向下滑动界面，拉出"最近"页面，点击右上方的 🔍搜索 按钮，如图6-10所示。

（2）点击页面上方的文本框，输入"AI试衣"，然后点击出现的"AI试衣镜"小程序选项，如图6-11所示。

（3）进入"AI试衣镜"小程序的"AI试衣间"页面，在页面左侧点击 性别 按钮，在弹出的下拉列表中选择"女装"选项，更换模特性别，如图6-12所示。

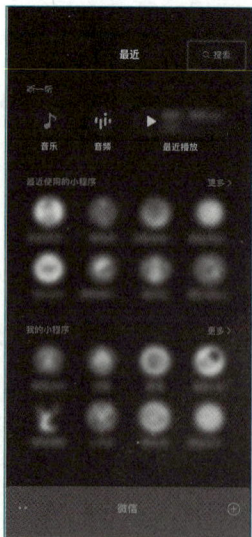

▲ 图6-10　搜索小程序　　▲ 图6-11　选择小程序　　▲ 图6-12　选择模特

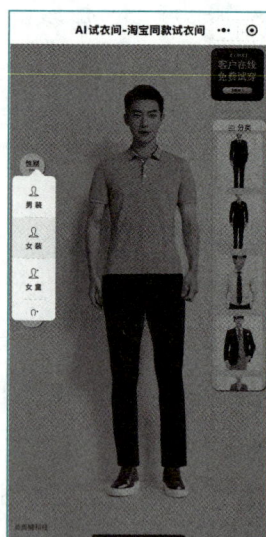

（4）继续在页面右侧点击"分类"选项，在弹出的下拉列表中选择"旗袍长裙"选项，确定需要试穿的服饰类型，如图6-13所示。

（5）在显示的服饰中滑动手机浏览服饰，然后点击需要试穿的服饰缩略图，这里点击红色连衣裙对应的缩略图，如图6-14所示。

（6）"AI试衣镜"小程序将快速生成模特身穿所选服饰的效果，如图6-15所示。这样用户便可以选择适合自己的模特和心仪的服饰，通过试穿来查看效果，为购买服饰提供参考依据。

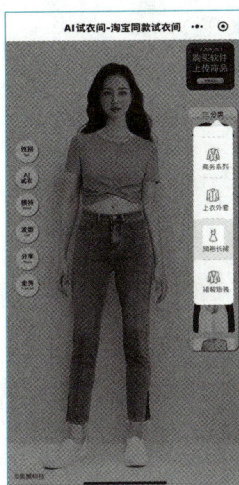

▲ 图6-13　选择服饰类型　　　　▲ 图6-14　选择具体服饰　　　　▲ 图6-15　查看试衣效果图

🔍 AI思考角

上述小程序可以上传自己的全身照作为试装模特，请尝试利用"AI试衣间"页面左侧的"AI试衣"功能，将自己的照片上传到小程序中，并搭配一套服饰查看试穿效果，然后讨论如何让虚拟试衣的效果更加逼真。

任务实施2　与中国电信智能客服聊天

中国电信推出的智能客服是对传统客服的全面升级和革新。本任务将通过中国电信App与其智能客服交流，咨询账单和活动情况，具体操作如下。

操作视频

与中国电信智能客服聊天

（1）在手机上下载并打开中国电信App，点击右上角的智能客服图标，如图6-16所示。

（2）在打开面板的文本框中输入聊天内容"查看上月账单"，点击 发送 按钮，如图6-17所示。

（3）智能客服将根据聊天内容自动回复相关信息，这里点击"话费账单"按钮，如图6-18所示。

▲ 图6-16　点击智能客服图标

▲ 图6-17　输入聊天内容

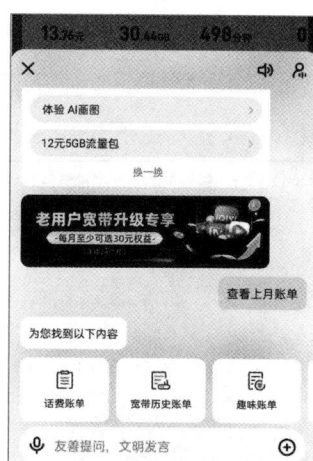

▲ 图6-18　选择话费账单

（4）进入"话费账单"界面，查看12月的话费账单数据，如图6-19所示，阅读完成后可点击智能客服图标继续聊天。

（5）继续在文本框中输入聊天内容，如"最近有什么活动？"，如图6-20所示，点击 发送 按钮。

（6）智能客服将自动回复信息，如图6-21所示。按相同的方法继续咨询智能客服，如套餐升级、购买流量等。

▲ 图6-19　查看话费账单

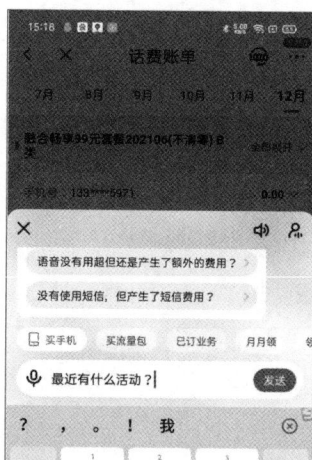

▲ 图6-20　询问活动

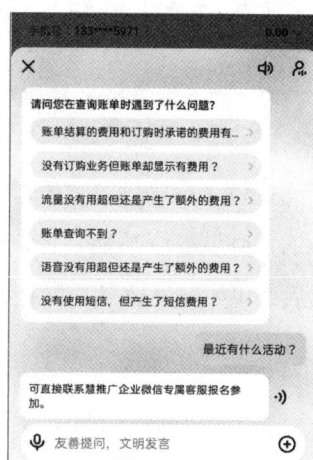

▲ 图6-21　回复结果

揭秘穿戴式动作捕捉设备的原理

1. 实训背景

依托于强大的人工智能技术，穿戴式动作捕捉设备逐渐普及，并在多个领域得到广泛应用，无论是影视作品制作、游戏开发，还是体育训练、医疗辅助等，都能看到它的身影。那么，它是如何使影视作品变得精彩纷呈、游戏内容更加形象逼真的呢？

2. 实训目标

（1）了解穿戴式动作捕捉设备的原理。

（2）熟悉人工智能技术在穿戴式动作捕捉设备中的应用。

3. 案例与分析

在电影制作领域，动作捕捉技术已经成为创造逼真虚拟角色和特效的关键工具。《阿凡达》系列电影是这一技术的应用代表，其续集的制作更是将动作捕捉技术推向新的高度。

动作捕捉技术是一种通过捕捉真实演员的动作，并将这些动作应用到计算机生成的虚拟角色上的技术。在《阿凡达》续集的制作中，动作捕捉技术被用于创建外星种族纳美人及其他虚拟生物。演员身着特制的紧身衣，上面附着多个传感器（见图6-22），这种穿戴式动作捕捉设备几乎能够精确捕捉演员的每一个动作。信号处理单元及时采集动作捕捉设备产生的大量数据，并借助人工智能算法对数

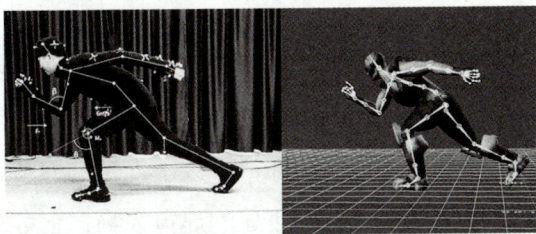

▲ 图6-22 动作捕捉技术效果

据进行实时处理，转换成数字化的动作模型。同时，人工智能算法可以识别并修正动作捕捉过程中产生的异常数据，确保虚拟角色的动作平滑且自然。通过机器学习技术，算法模型能够学习人类动作的规律，使虚拟角色的动作更加符合真实人类的运动模式。在某些复杂的动作序列中，人工智能算法能够预测并填充缺失的动作数据，帮助完成连贯的动作序列，减少后期制作的复杂性。

凭借穿戴式动作捕捉设备和人工智能技术，《阿凡达》续集的制作团队轻松地制作出

161

高度真实的角色动画，有效提升了电影的视觉效果。

随着技术的不断进步，穿戴式动作捕捉设备和动作捕捉技术在电影制作中的应用越来越广泛和深入。同时，软件算法的优化也使得数据处理变得更加迅速和准确，既缩短了后期制作的时间并降低了制作成本，也优化了动作捕捉的效果。

得益于穿戴式动作捕捉设备和动作捕捉技术，观众可以拥有沉浸式的视觉体验。

请根据上述案例，分析并回答以下问题。

（1）简述穿戴式动作捕捉设备的原理。

（2）列举人工智能技术在穿戴式动作捕捉设备中的应用场景。

前沿拓展

数字人

数字人，也称为数字虚拟人、数字人分身，是指通过人工智能技术构建的具有一定智能和行为能力的虚拟人物。数字人可以模拟人类的外貌、行为、语言和思维，为用户提供各种服务。具体而言，数字人是一种基于计算机图形学，以及语音识别、自然语言处理等人工智能技术创建的虚拟人物，它可以是二维的图像、三维的模型，甚至可以是全息投影技术呈现的立体形象，图6-23所示为三维模型数字人。

大家好 我是成功接入 ChatGPT的 AI 数字人小镜

▲ 图6-23 三维模型数字人

创建数字人的过程包括多个步骤，涉及多种技术的综合运用。以三维模型数字人为例，首先，采用三维建模技术塑造数字人的形象，然后利用渲染技术，使数字人在屏幕上呈现出逼真的视觉效果。在此基础上，引入动作捕捉技术捕捉人类的动作，并通过算法处理，使数字人能够准确地模拟这些动作。此外，为了实现与用户的互动，还需要集成语音识别技术，让数字人能够接收并理解用户的语音指令。同时，通过语音合成技术，赋予数字人发声的能力。最后，为了提升沟通效果，数字人还需要具备自然语言处理能力，以理解和生成自然语言，与用户进行流畅且有效的交流。

数字人的应用非常广泛，它可以是客服、投资顾问；可以是虚拟偶像、游戏角色；可以是学习助手或虚拟教师；还可以是虚拟导游或文化IP形象等。作为人工智能领域的一个重要方向，数字人正逐渐成为连接人类与数字世界的重要桥梁，其发展前景广阔，并将深刻影响社会生活的各个方面。

思考练习

1. 单项选择题

（1）智能导航中主要用于在动态环境中进行路径规划的算法是（　　　）。

    A. Dijkstra   B. A*

    C. D*   D. 蚁群算法

（2）不属于智能家居主要组成部分的是（　　　）。

    A. 智能网关   B. 温度传感器

    C. 智能门锁   D. 智能眼镜

（3）智能穿戴设备不具备的特点是（　　　）。

    A. 可穿戴性   B. 可植入性

    C. 智能移动性   D. 人机交互性

（4）不是虚拟试衣间的是（　　　）。

    A. 基于图像的虚拟试衣间

    B. 基于AR技术的虚拟试衣间

    C. 基于VR技术的虚拟试衣间

    D. 基于摄影技术的虚拟试衣间

2. 简答题

（1）简述智能出行的特点。

（2）简述智能家居的应用场景。

（3）简述智能穿戴设备的核心技术。

（4）简述智能客服的主要功能。

AIGC探索篇

07

项目七 认识AIGC

人工智能生成内容（Artificial Intelligence Generated Content，AIGC）的诞生是人工智能领域的一个重要里程碑，它代表着人工智能从传统的分析、理解任务向创造、生成任务转变。2022年年底，OpenAI公司推出ChatGPT，标志着AIGC在自然语言处理领域取得重大突破，其强大的生成能力、上下文理解能力等使得AIGC迅速被用户认可和接纳，并得到全面普及和应用。

本项目将了解AIGC的基础内容，包括它的发展过程和应用领域等，然后学习AIGC的提问方法。

—— 学习目标

1　熟悉 AIGC 的含义。

2　熟知 AIGC 的发展过程和应用。

3　掌握常用的 AIGC 工具。

4　掌握 AIGC 的提问方法。

—— 能力目标

1　使用讯飞星火制订学习计划。

2　通过文心一言了解具身小脑模型。

—— 素养目标

1　认识到原创的重要性，不过度依赖 AIGC 生成的内容。

2　提高辨别能力，注意辨别有害、误导性或歧视性的内容。

3　提倡创新精神，积极利用 AIGC 工具探索新的创作路径和表达方式。

—— 思维导图

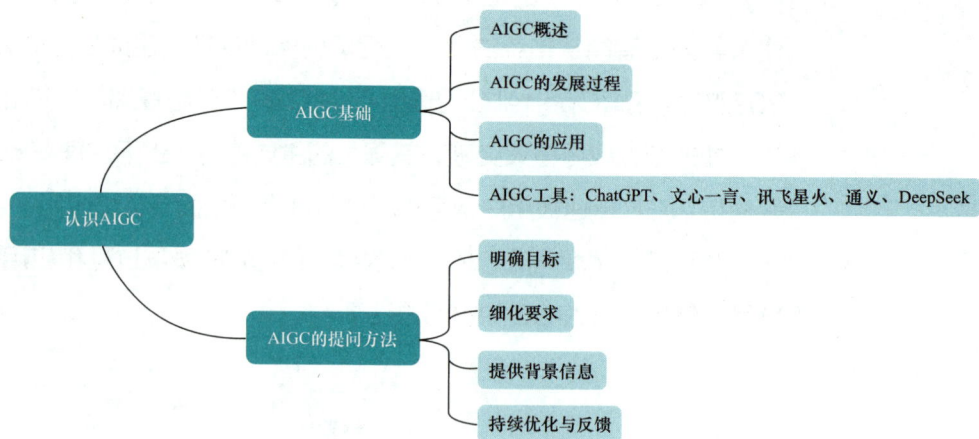

任务一　AIGC 基础

任务描述

传统的内容创作需要花费大量的时间和精力，AIGC的出现不仅大大提高了内容创作效率，还引发了人们对AIGC的无限遐想。本任务将学习AIGC的基础知识，然后使用讯飞星火制订一套有效的学习计划。

相关知识

一、AIGC 概述

AIGC是指运用人工智能技术，尤其是深度学习算法，创作各类数字内容的新型内容创作模式。作为一种革命性的内容创作模式，AIGC引领着人工智能领域的新一轮变革，实现了从简单文本到复杂多媒体内容的全面自动生成。AIGC主要具有以下特点。

- 自动化生成。AIGC能够自动解析用户指令，快速生成相应内容，极大地提高了内容创作效率与灵活性。

- 创新能力强。借助人工智能的学习与优化能力，AIGC能够持续探索新的创作路径，生成创意十足、引人入胜的内容，满足用户日益增长的个性化需求。

- 内容形式多样。无论是静态图像、动态视频，还是音频、代码等，AIGC都能轻松生成，满足用户各种内容创作需求。

- 持续进化。依托大数据、云计算和人工智能技术，AIGC能够不断吸收新知识、优化算法模型，实现内容与技术的双重迭代升级。

二、AIGC 的发展过程

AIGC的发展过程可以划分为萌芽、积累与快速发展3个阶段，每个阶段都有技术的飞跃与应用的拓展。

1. 萌芽阶段（20世纪50年代至90年代中期）

20世纪50年代，随着计算机科学的初步建立，人类开始探索机器模仿人类智能的可能性，AIGC的雏形也悄然孕育。然而，受限于当时的科技水平，尤其是计算能力与算法设计的局限，AIGC的应用仅限于实验室内的小规模实验，难以触及更广泛的领域。这一阶段，科学家们更多是在探索AIGC的理论框架与技术路径，为后续的突破奠定基础。

2. 积累阶段（20世纪90年代中期至2010年）

进入20世纪90年代中期，随着互联网技术的兴起与计算机性能的显著提升，AIGC迎来从理论到实践的转变。尽管此时的算法尚不足以支撑直接的内容生成，但AIGC已经开始在辅助创作、信息检索等方面展现出潜力。这一时期的AIGC更多是在扮演"幕后英雄"的角色，通过优化流程、提高效率等方式，为内容创作提供间接支持。随着技术的不断进步，人们逐渐意识到，AIGC的潜力远不止于此。

3. 快速发展阶段（2011年至今）

2011年以来，随着深度学习技术的突破，特别是生成对抗网络的问世与迭代，AIGC迎来前所未有的发展机遇。这一技术革新彻底打破了AIGC内容生成的瓶颈，使得AIGC能够创作出逼真且多样化的文本、图像甚至视频内容。

近年来，AIGC的应用场景不断扩展，从最初的企业级服务逐渐渗透到普通用户的生活和工作中。这一转变不仅降低了内容创作的门槛，也激发了大众的创作热情，推动了文化产业的多元化发展。

三、AIGC的应用

AIGC以强大的内容生成能力，在多个领域得到广泛应用。

- 文本生成。在文本生成方面，AIGC能够生成多种类型的文本内容，如新闻报道、营销文案、诗歌、视频脚本等。其强大的文本生成能力，不仅显著提高了内容生产的效率，更为用户提供了全新的创作路径和灵感源泉。

- 图像生成。AIGC能够根据用户提供的文本描述或参考图生成各种风格的图像。此外，AIGC在图像修复、色彩调整等方面也展现出卓越的能力，为视觉创意行业带来前所未有的便利与可能性。

- 音视频生成。从音乐创作、语音合成到视频生成、视频剪辑，AIGC还具有强大的音视频创作能力。AIGC不仅可以根据情感分析结果生成符合情绪变化的背景音乐，也可以基于文本描述生成自然流畅的语音播报，还可以根据文本描述生成动态视频。此外，还可以将图像转换为视频，让静止的画面像被施了"魔法"般动起来。

- 代码生成。用户可以使用自然语言描述代码生成需求，AIGC能自动翻译并生成相应代码，这大大简化了编程流程，提高了开发效率。此外，AIGC还能辅助代码审查、优化代码结构、预测潜在漏洞等，为代码质量保驾护航。

四、AIGC工具

随着人工智能技术的飞速发展，AIGC工具如雨后春笋般陆续出现，这些工具不仅提升了文本、图片和视频等内容的创作能力，还广泛应用于各个领域。下面是4种常用的

AIGC 工具。

● ChatGPT。ChatGPT 是由美国人工智能研究实验室 OpenAI 推出的一款 AIGC 工具，其主要功能包括文本生成、聊天机器人、语言问答、语言翻译、自动文摘、绘画和编程等，能够撰写邮件、视频脚本、文案，以及完成翻译、编码等任务。

● 文心一言。文心一言是由百度公司推出的一款 AIGC 工具，不仅具备人机对话、回答问题、协助创作等基本功能，还在知识增强、检索增强和对话增强等方面表现出色。

● 讯飞星火。讯飞星火是由科大讯飞推出的一款 AIGC 工具，融合了问答、写作、绘画等多种核心功能，在智能客服、智能写作、智能问答、语言学习等领域应用广泛。

● 通义。通义是由阿里巴巴推出的一款 AIGC 工具，能够执行自然语言理解、文本生成、视觉理解、音频理解、工具调用、角色扮演、智能体等多种任务。

● DeepSeek。DeepSeek 是由中国深度求索团队开发的大语言模型，凭借其高效的推理能力、技术创新和开源战略，DeepSeek 在人工智能领域迅速崛起，并在全球范围内掀起了使用热潮，被许多专家和个人用户评价为目前最先进的大语言模型。

素养天地

尽管 AIGC 工具在内容创作方面提供了诸多便利，但我们在使用这类工具辅助创作时仍需保持专业素养，不能过度依赖 AIGC 工具。一方面，AIGC 工具生成的内容可能存在语义、逻辑、事实准确性等方面的问题，不能保证内容的准确性；另一方面，过度依赖这些工具会让我们逐渐丧失创造力、洞察力和判断力，不利于自身素养的提升。

任务实施　使用讯飞星火制订学习计划

AIGC 工具所具有的人机交互功能和聊天功能，可以满足用户的各种需求。本任务将使用讯飞星火为"人工智能"专业的高职学生制订一套有效的学习计划，具体操作如下。

（1）进入"讯飞星火"官方网站，注册并登录账号，然后单击 开始对话 按钮进入聊天界面，在文本框中输入图 7-1 所示的问题。

上午好，有问题，随时问！

你好，在制订学习计划方面你是否专业？

▲ 图 7-1　输入问题

（2）确认输入的问题无误后，按【Enter】键或单击"提交"按钮↑，讯飞星火将根据问题迅速回复，结果如图7-2所示。

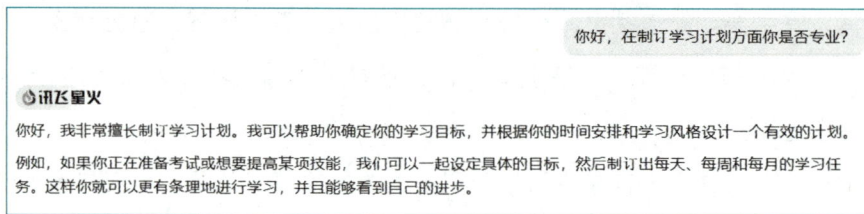

> 你好，在制订学习计划方面你是否专业？
>
> 讯飞星火
>
> 你好，我非常擅长制订学习计划。我可以帮助你确定你的学习目标，并根据你的时间安排和学习风格设计一个有效的计划。
>
> 例如，如果你正在准备考试或想要提高某项技能，我们可以一起设定具体的目标，然后制订出每天、每周和每月的学习任务。这样你就可以更有条理地进行学习，并且能够看到自己的进步。

▲ 图7-2　回答结果

（3）继续在文本框中输入学习计划的具体要求，然后按【Enter】键或单击"提交"按钮↑，如图7-3所示。

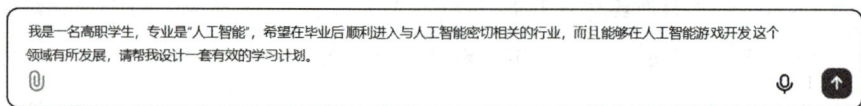

> 我是一名高职学生，专业是"人工智能"，希望在毕业后顺利进入与人工智能密切相关的行业，而且能够在人工智能游戏开发这个领域有所发展，请帮我设计一套有效的学习计划。

▲ 图7-3　继续输入具体要求

（4）讯飞星火将根据要求生成相应的学习计划，如图7-4所示。如果对该结果不太满意，可以输入调整需求，让讯飞星火对学习计划进行调整，直至得到满意的学习计划。

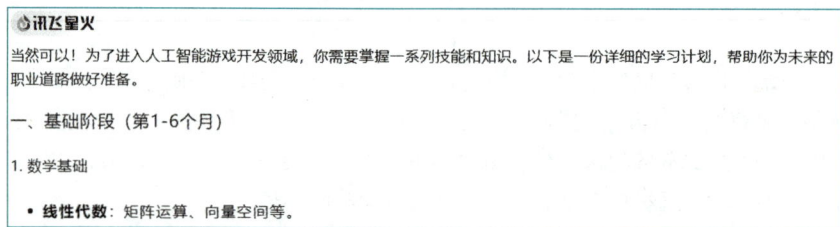

> 讯飞星火
>
> 当然可以！为了进入人工智能游戏开发领域，你需要掌握一系列技能和知识。以下是一份详细的学习计划，帮助你为未来的职业道路做好准备。
>
> 一、基础阶段（第1-6个月）
>
> 1. 数学基础
>
> • 线性代数：矩阵运算、向量空间等。

▲ 图7-4　学习计划生成结果

🔍 AI思考角

体验讯飞星火后，你觉得讯飞星火是否能够充分理解你要表达的意思？你对给出的结果是否满意？你认为不同的提问方式是否会影响讯飞星火的回复结果？

任务二　AIGC的提问方法

任务描述

使用AIGC工具时，如何提问是十分关键的，它会直接影响AIGC工具生成内容的效果。本任务将学习向AIGC工具提问的基本方法，然后利用文心一言了解具身小脑模型。

相关知识

一、明确目标

明确目标是提问的基础，向 AIGC 工具提问前，应当明确希望 AIGC 工具解决什么问题，如获取信息、生成文案、设计图像等。目标越具体，AIGC 工具生成的内容越能满足需求。提问时应使用简洁明了的语言描述目标，避免使用模糊或有歧义的表述。例如，如果想知道如何提高编程技能，应该直接问："初学者应当如何提高 Java 编程技能？"而不是模糊地问："如何学习编程？"

二、细化要求

在有明确目标的基础上，也可以进一步细化生成要求，让 AIGC 工具更加明确需要生成的内容，如列出关键信息点，指定内容的语言风格等。同时，要注意使用简洁明了的语言描述生成要求，以便 AIGC 工具生成更有针对性的内容。例如，科技新闻稿的生成要求可以为"新闻稿应包含人工智能在医疗诊断中的最新突破及未来展望。字数控制在 800 字左右，风格正式。"

> **AI 智慧讲堂**
>
> 细化要求在一定程度上也可以理解为设定约束条件，如避免使用某些词汇、保持内容的原创性，以及限制字数或规定语言风格等，这实际上是对生成的内容设定一定的条件。细化要求越详细，或者说约束条件越具有针对性，生成的内容就越符合预期。

三、提供背景信息

为 AIGC 工具提供足够的背景信息，能够更加符合需求的内容。背景信息不仅包括问题的直接上下文，还涉及相关领域的知识、历史背景、行业趋势、用户习惯等多个维度。例如，要求 AIGC 工具撰写一篇关于人工智能技术在医疗诊断中应用的新闻稿，则可以提供的背景信息包括：人工智能技术（如深度学习、神经网络）、在医疗诊断中的具体应用情况（如图像识别、病理分析、疾病预测）、医疗行业的现状与挑战、医学专家和人工智能专家对人工智能在医疗诊断中应用的看法与展望等。这样 AIGC 工具可以在明确的背景信息下，生成更加准确和专业的内容。

四、持续优化与反馈

当 AIGC 工具生成的答案无法满足用户需求时，可以使用不同的方式让 AIGC 工具进一步优化。例如，向 AIGC 工具提问："请详细阐述可持续城市发展的未来趋势。"如果答案被截断或不够详细，可以使用"继续"指令反馈："请继续描述可持续城市发展的未来趋势，特别是在智慧城市方面。"如果想从另一个角度了解问题，可以使用"切换"指令反馈："现在，请从能源利用的角度阐述可持续城市发展的未来趋势。"如果答案中存在错误或误导性信息，则可以直接纠正："你提到的与绿色建筑相关的信息是不准确的，请提供正确的信息。"

任务实施　通过文心一言了解具身小脑模型

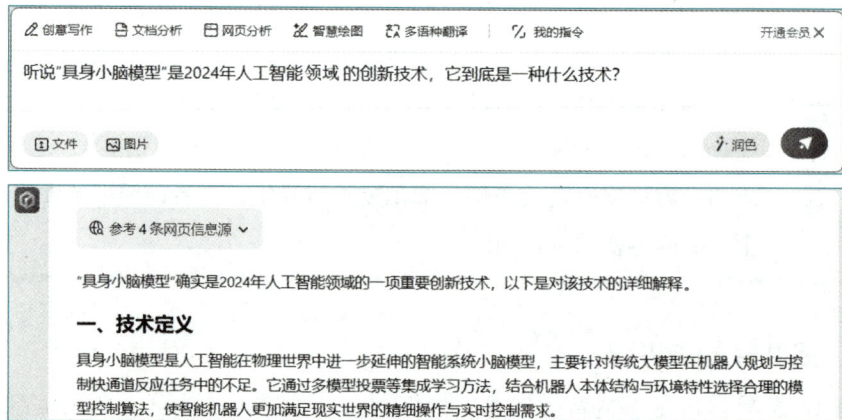

AIGC 工具不仅是一种实用的内容创作工具，还是获取信息的重要渠道。本任务将使用文心一言了解 2024 年人工智能技术在机器人领域的一大创新——具身小脑模型，具体操作如下。

操作视频

通过文心一言了解具身小脑模型

（1）进入"文心一言"官方网站，注册并登录账号，在聊天页面下方的文本框中输入问题，并给出一定的背景信息，然后按【Enter】键或单击"提交"按钮 ⬆，文心一言将快速给出答案，如图 7-5 所示。

▲ 图 7-5　回复结果 1

AI 智慧讲堂

大多数 AIGC 工具都是按【Enter】键提交问题的，因此在输入问题时就不能使用该按键进行换行，而是需要按【Shift+Enter】组合键来实现。另外，还可以直接将计算机上的文件拖曳到 AIGC 工具的聊天页面，然后让它们分析文件或根据文件回答问题等。

（2）阅读给出的答案，根据需求继续提问，这里为了更好地理解具身小脑模型的作用，要求文心一言对比应用该技术前后机器人的表现，按【Enter】键，文心一言给出的答案如图 7-6 所示。

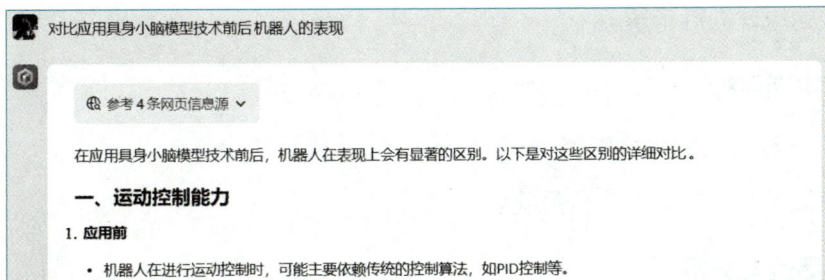

▲ 图7-6 回复结果2

（3）继续阅读给出的答案，根据需求反馈问题，如询问具身小脑模型在我国的应用情况，按【Enter】键，文心一言给出的答案如图7-7所示。按此方法便可逐步了解具身小脑模型在我国的应用情况。

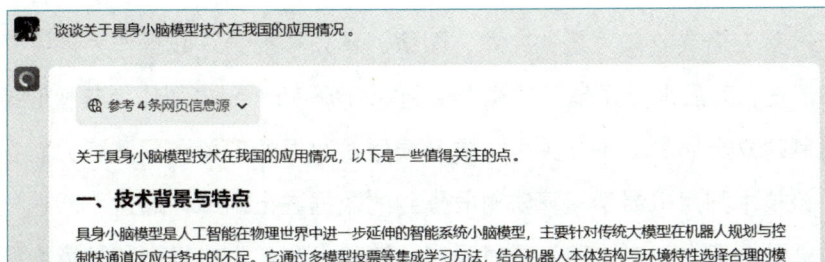

▲ 图7-7 反馈问题后的回复结果

AI思考角

请同样以"具身小脑模型"为主题，利用文心一言了解并讨论该技术的具体情况，比较在使用AIGC工具时，谁的提问更好，了解到的内容更加准确和全面。

项目实训

探析AIGC的生成原理与风险

1. 实训背景

AIGC技术的发展和AIGC工具的涌现，使得人们在内容创作方面更加得心应手。但是，部分用户对AIGC技术过度依赖，不仅会导致自身的懈怠，严重时还会因为内容的错误为个人或组织带来损失，或涉及侵权的问题。为了避免这些现象的产生，我们需要对AIGC

内容生成的原理进行了解。

2. 实训目标

（1）了解AIGC的生成原理。

（2）认识AIGC的潜在应用风险。

3. 案例与分析

近期，一起利用AIGC进行换脸和换声诈骗的案件震惊网络，揭示了AIGC在被滥用时可能引发的严重风险。

据悉，犯罪嫌疑人张三，通过一种结合AI换脸和语音合成的技术，成功冒充受害者的熟人，实施了一连串的诈骗行为。

该技术首先需要收集大量的文本、图像、音频和视频等数据作为训练素材，并进行预处理和清洗，然后采用了基于注意力机制的Transformer模型作为其核心架构，通过自注意力机制建立全局的上下文关系，提升模型对数据的理解和预测能力。在机器学习训练阶段，该技术利用机器学习算法对收集到的数据进行训练，通过不断迭代和优化，逐渐提升数据预测能力。在内容生成过程中，该技术利用生成模型和注意力机制选择下一个最可能的词汇或图像元素，通过不断迭代和选择，最终生成连贯、有逻辑的内容，包括文本、图像、音频和视频。

接着，张三成功利用该技术进行换脸和换声诈骗。他通过输入特定的指令，让AIGC工具生成与受害者熟人高度相似的面部图像和声音，成功与受害者建立联系，并编造资金短缺等虚假情况，要求受害者立即转账予以周转。由于张三的面部和声音与受害者的熟人高度相似，受害者未能及时识破骗局，最终遭受重大的经济损失。

案件曝光后，警方迅速介入调查，通过技术手段和证据收集，成功锁定了张三的身份，并将其抓获归案。在审判过程中，张三对自己的诈骗行为供认不讳，最终以诈骗罪依法承担刑事责任。

此案的发生，敲响了AIGC技术滥用的警钟。AIGC技术虽然具有广泛的应用前景和潜力，但也存在一些未知的风险，需要提高风险防范意识。

请根据上述案例，分析并回答以下问题。

（1）AIGC是如何生成内容的？

（2）使用 AIGC 生成的内容有可能产生哪些风险？

前沿拓展

"空间智能"技术

"空间智能"技术是一种能够将单张静态图像转化为可交互 3D 世界模型的人工智能系统，该技术由斯坦福大学教授李飞飞创立的 World Labs 公司发布，其核心理念在于通过人工智能系统预测并生成 3D 世界模型，为用户提供更加沉浸和真实的体验。

基于该技术生成的 3D 世界模型，用户可以通过键盘和鼠标实时控制场景，如移动、旋转视角等，还可以通过调节景深使背景物体产生自然的虚化效果。一旦生成一个 3D 世界，它会保持稳定不变，即使用户暂时离开视线，然后再回来，场景也不会发生变化。此外，该技术生成的 3D 世界模型遵循 3D 几何的基本物理规则，具有实体感和深度感，这使得生成的场景更加贴近现实。

思考练习

1. 单项选择题

（1）不属于 AIGC 应用领域的是（　　）。

    A. 文本生成　　　　B. 图像生成

    C. 视频生成　　　　D. 硬件制造

（2）不是 AIGC 工具的是（　　）。

    A. ChatGPT　　　　B. Photoshop

    C. 讯飞星火　　　　D. 文心一言

2. 简答题

（1）在使用 AIGC 工具时，如何明确提问的目标？

（2）在向 AIGC 工具提问时，为什么提供背景信息很重要？

08

项目八 AIGC的应用

AIGC在近年来取得了飞速发展，广泛应用于各个领域，为人们的生活和工作带来了诸多便利。凭借高效、创新和个性化的特点，AIGC在文本创作、图像处理、音频合成、视频制作及编程等方面展现出强大的应用潜力，极大地提高了内容生产的效率和质量，同时也为创意产业注入全新的活力。

本项目将介绍AIGC在文本生成、图片生成、音频创作、视频生成和代码生成等方面的应用，深入了解AIGC是如何实现高效内容创作及如何应用于实际工作和生活中的。

—— **学习目标**

1　掌握文本生成的常用技巧和图片生成的"咒语"。

2　熟悉音频创作的形式和视频的生成与编辑。

3　认识AIGC在代码编写中的应用和优势。

—— **能力目标**

1　使用文心一言修改稿件。

2　使用通义万相生成图片。

3　使用讯飞智作合成音频。

4　使用通义万相生成视频。

5　使用讯飞星火编写代码。

—— **素养目标**

1　合理利用AIGC工具提高学习与工作效率。

2　进一步培养想象力和创造力，提升内容创作效果。

3　提升表达能力，能够精准且具体地描述内容创作需求。

—— **思维导图**

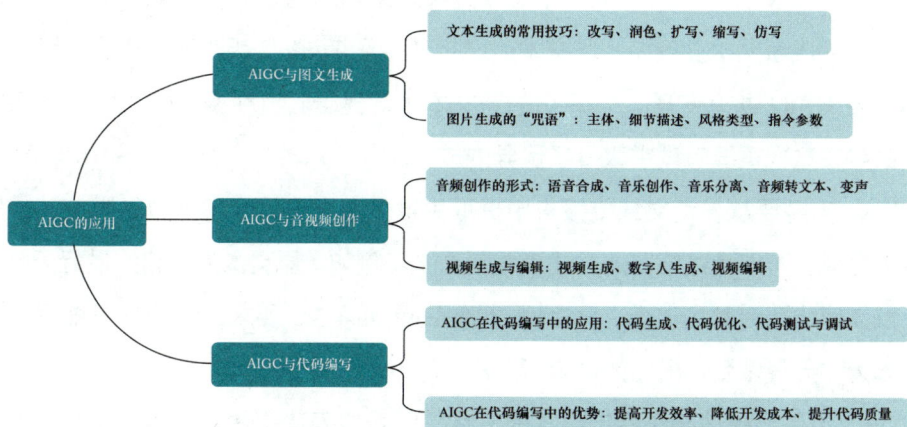

AIGC的应用
- AIGC与图文生成
  - 文本生成的常用技巧：改写、润色、扩写、缩写、仿写
  - 图片生成的"咒语"：主体、细节描述、风格类型、指令参数
- AIGC与音视频创作
  - 音频创作的形式：语音合成、音乐创作、音乐分离、音频转文本、变声
  - 视频生成与编辑：视频生成、数字人生成、视频编辑
- AIGC与代码编写
  - AIGC在代码编写中的应用：代码生成、代码优化、代码测试与调试
  - AIGC在代码编写中的优势：提高开发效率、降低开发成本、提升代码质量

任务一　AIGC 与图文生成

任务描述

　　无论是生成故事、新闻稿、诗歌、教学材料、学习资料、市场分析报告、商业计划书等，还是生成文章配图、宣传图、广告图、创意图等，都可以利用 AIGC 来完成。本任务将了解使用 AIGC 生成文本和图片的一些技巧，然后使用文心一言修改发言稿，使用通义万相生成图片。

相关知识

一、文本生成的常用技巧

　　当利用 AIGC 生成文本时，可以使用以下技巧使生成的内容更加符合期望。

　　• 改写。当原文本难以理解或原文本需要适用于新的语境或目标用户时，可以通过改写的方式生成新文本。例如，原文本为"小明在操场上跑步，他跑得很快。"想让其更具文学性，要求 AIGC 将句子改写。改写后的新文本为"在广阔的操场上，小明如风般疾驰，速度之快令人侧目。"

　　• 润色。当需要提高语言表达的流畅性和准确性，或纠正文本中的语法、拼写和标点符号错误，或使文本更具吸引力或说服力，都可以通过润色的方式生成新文本。例如，原文本为"这个产品很好，大家都很喜欢。"为使其更具说服力，要求 AIGC 对句子进行润色。润色后的新文本为"这个产品凭借卓越的性能赢得广泛好评，深受消费者青睐。"

　　• 扩写。当需要详细地解释某个概念或过程，或增加内容的长度或深度时，可以通过扩写的方式生成新文本。例如，原文本为"她通过了考试。"想表达她为通过考试所付出的努力，要求 AIGC 扩写句子。扩写后的新文本为"她通过几个月的努力学习和每晚熬夜复习，最终在这次重要考试中取得了优异的成绩。"

　　• 缩写。当需要从长篇文章或报告中提取关键信息，或符合字符数量限制，或需要快速传达信息时，可以通过缩写的方式生成新文本。例如，原文本为"因为最近天气变化无常，所以大家出门时都应该带上雨伞。"想使其更加简洁，要求 AIGC 将句子缩写。缩写后的新文本为"天气多变，出门请带伞。"

　　• 仿写。当需要模仿某个特定内容的风格、结构或表达方式，或通过仿写经典作品提升写作能力时，可以通过仿写的方式生成新文本。例如，原文本为"春眠不觉晓，处处闻啼鸟。"要求 AIGC 仿照这一句诗的风格，创作一句描述夏天的诗句。仿写后的新文本为

"夏夜星河灿，蝉鸣透窗纱。"

二、图片生成的"咒语"

图片生成的"咒语"是指用来指导 AIGC 生成特定图像的详细描述或指令。这些指令通常包括主体、细节描述、风格类型及指令参数等，它们共同构成指导 AIGC 生成图像的完整"咒语"。

• 主体。主体是 AIGC 生成图像的核心内容，它是画面中的主要元素。例如，"万里长城""东北虎"等都可以作为主体。

• 细节描述。细节描述是对主体的进一步细化，包括画面的构图方式、质感、光源、色调、人物表情等。这些细节描述能够帮助 AIGC 更准确地理解并生成符合要求的图像。例如，"大场景，云海，大视角，月光柔和，星星闪烁，电影灯光"等细节描述。

• 风格类型。风格类型是指图像所呈现的艺术风格或流派，如赛博朋克、印象派、野兽派、抽象派、超现实主义等。通过指定风格类型，AIGC 可以控制生成的图像在视觉上的整体表现。例如，指定"数字插画"风格可以生成具有数字媒体插画特色的图像。

• 指令参数。指令参数是一些具体的、可调节的参数，用于控制图像的尺寸、分辨率、模型版本等。这些参数通常与 AIGC 工具的特定功能相关，在实际使用时可以根据需要进行调整以优化生成的图像。例如，在某个 AIGC 工具中，"3：4"表示图像的纵横比为3：4，"v5"表示使用的模型版本（或某种算法参数）。

> **AI 智慧讲堂**
>
> 除了可以通过文本描述生成图片（即"文生图"）外，许多 AIGC 工具还支持图片生成图片（即"图生图"），这种图片生成方式需要借助一张或多张原始图片，然后通过文本描述需求生成新的图片，由于有原始图片作参考，"图生图"生成的图片会更符合期望。

任务实施

任务实施 1　使用文心一言修改校运会开幕式发言稿

常用的文本生成 AIGC 工具有 ChatGPT、文心一言、讯飞星火、通义等。本任务将通过上传文件的方式让文心一言修改校运动会开幕式发言稿，具体操作如下。

操作视频

使用文心一言修改校运会开幕式发言稿

（1）进入文心一言对话页面，单击文本框下方的 文件 按钮，如图8-1所示。

（2）在打开的界面中单击"点击上传或拖入文档"区域，如图8-2所示。

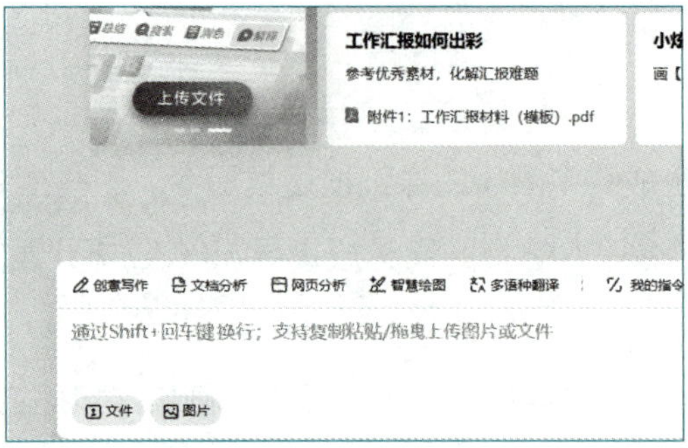

▲ 图8-1　单击"文件"按钮

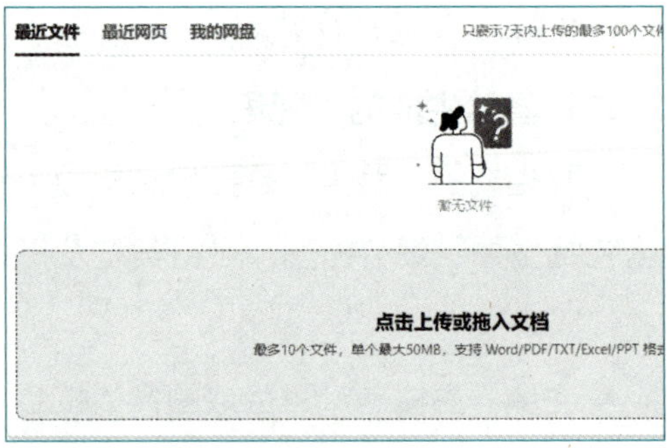

▲ 图8-2　点击上传或拖入文档

（3）打开"打开"对话框，选择"开幕式发言稿.docx"素材文件（配套资源：\素材文件\项目八\开幕式发言稿.docx），如图8-3所示，单击 打开(O) 按钮。

（4）在文本框中输入改写和润色的要求，如图8-4所示。

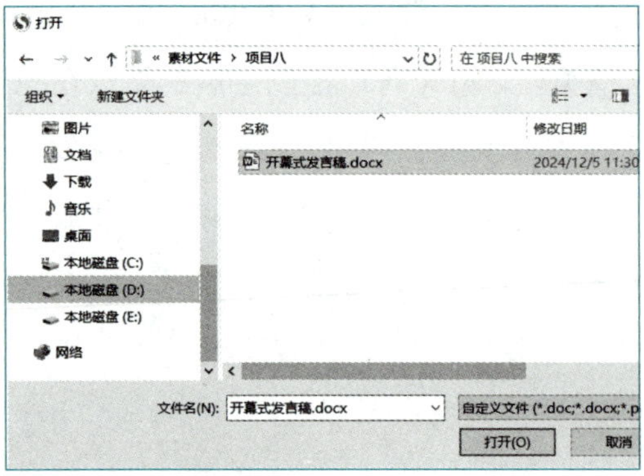

▲ 图8-3　选择素材文件

▲ 图8-4　输入改写和润色的要求

（5）确认无误后按【Enter】键，文心一言的生成结果如图8-5所示。

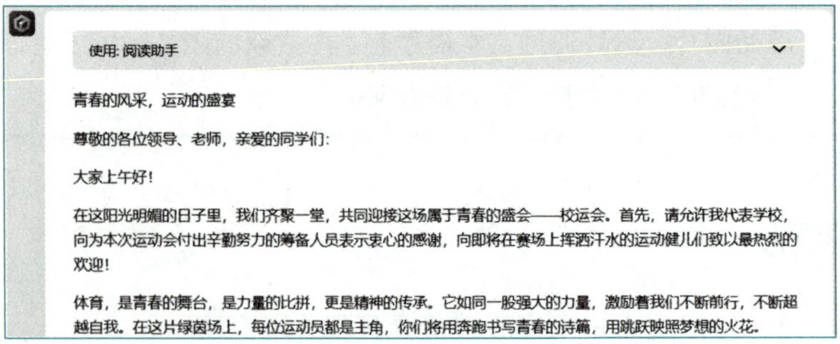

▲ 图8-5　生成结果

任务实施2　使用通义万相生成熊猫吃竹子的图片

常用的图片生成AIGC工具有Midjourney、DALL-E、AI绘画、通义万相、天工开物等。本任务将在通义万相中综合使用文本描述和"咒语书"功能生成熊猫吃竹子的图片，具体操作如下。

操作视频

使用通义万相生成熊猫吃竹子的图片

（1）登录并进入通义万相首页（首次使用需要注册账号并登录），在左侧列表选择"文字作画"选项，在右侧文本框中输入图片的内容描述文本，如图8-6所示，然后单击 ⊡ 咒语书 按钮。

（2）打开"咒语书"界面，单击"光线"选项卡，选择"自然光"选项，如图8-7所示。

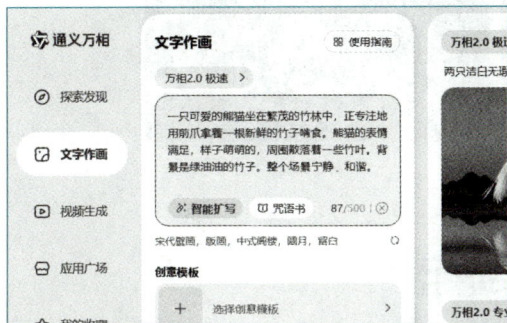

▲ 图8-6 输入文本

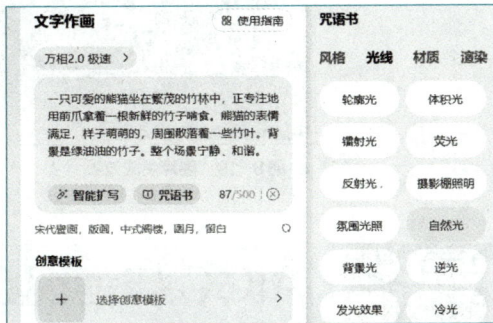

▲ 图8-7 选择自然光

（3）单击"下一项"按钮 >，"咒语书"界面将显示"视角"选项卡，单击该选项卡，选择"长焦镜头"选项，如图8-8所示，单击"关闭"按钮 × 关闭"咒语书"界面。

（4）在"比例"栏中选择"16：9"选项，单击 生成画作 按钮，如图8-9所示。

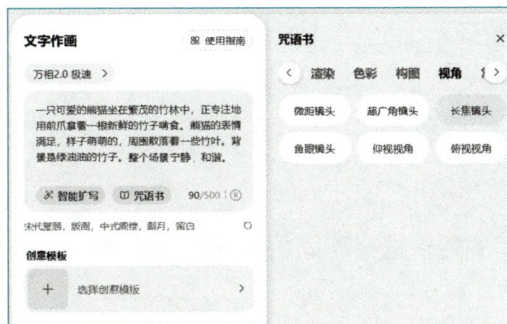

▲ 图8-8 选择长焦镜头

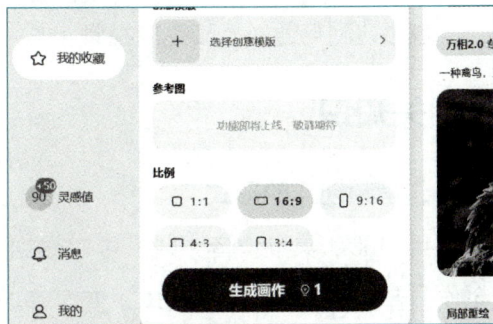

▲ 图8-9 设置比例并生成画作

（5）通义万相将根据要求生成4张图片，如图8-10所示。单击图片缩略图可下载图片，或对图片做进一步处理，如生成高清图片、生成相似图片、局部重绘图片等。

🔍 AI思考角

请使用通义万相生成松鼠吃松子的图片，比较谁的"咒语"用得更好，并思考如何设计出高质量的"咒语"。

▲ 图8-10　图片生成效果

任务二　AIGC 与音视频创作

任务描述

随着人工智能技术的不断发展，AIGC 在音视频创作上更加得心应手，通过深度学习算法和大规模数据集的训练，AIGC 已能够生成高质量的音视频，甚至还能创作出令人惊叹的音乐作品和影视作品。本任务将介绍使用 AIGC 创作音视频的方法，然后使用讯飞智作合成音频，利用通义万相生成视频。

相关知识

一、音频创作的形式

使用 AIGC 工具创作音频时，可以根据不同的需求选择不同的形式，如语音合成、音乐创作、音乐分离、音频转文本、变声等。

• 语音合成。语音合成是指将文本信息精准转换为自然流畅的语音输出，无论是自媒体、智能语音助手，还是电子教材教辅等，都能看到语音合成的身影。

• 音乐创作。音乐创作是指根据指定的音乐流派、乐器等创作音乐，并且对生成的音乐进行调整，使音乐更加自然、生动和富有表现力。

• 音乐分离。音乐分离是指将音频文件中的人声与乐器声、背景音乐等精准分离。例如将歌曲中的人声和伴奏分离，或将伴奏中的每一种乐器声都分离出来等，这种技术对音乐创作者来说是非常实用的。

• 音频转文本。音频转文本是指将语音或音频内容自动转换成文字形式，这种技术在会议记录、笔记整理、字幕生成等场景十分实用。

- 变声。变声是指改变原始音频中的声音特征，使其听起来像是其他的人声或具有特定音效的人声。这种技术广泛应用于娱乐、影视配音、隐私保护、语音合成等领域。

二、视频生成与编辑

人工智能技术的发展促进了视频生成与编辑功能的完善，许多原来只具备文本生成和图片生成功能的AIGC工具，现在都具有视频生成与编辑功能。

- 视频生成。目前，主要的视频生成方式有"文生视频"和"图生视频"两种，前者是通过输入描述文本直接生成视频内容，后者是将静态图像转化为动态视频。

- 数字人生成。数字人生成属于视频生成的特殊形式。这种技术可以创造出具有高度拟人化特征和智能化交互能力的虚拟形象，以灵活应对从娱乐到教育、从商业推广到客户服务等广泛而多样的应用场景需求。

- 视频编辑。视频编辑可以提升视频的质量，目前许多AIGC工具都提供了实用的视频编辑功能，如剪映的智能字幕等，提高视频创作者的编辑效率，提升视频效果。

> **素养天地**
>
> 使用AIGC工具创作音视频时，需要尽可能地发挥创造力和想象力。如何才能提升创造力和想象力呢？我们可以通过多角度思维训练、广泛阅读、跨领域学习、定期进行头脑风暴、勇于尝试新事物和保持好奇心等方式，不断激发大脑潜能，打破思维定势，从而培养出独特的创造力和丰富的想象力。

任务实施

任务实施1 使用讯飞智作合成短视频音频

常用的音频生成AIGC工具有很多，如语音合成类的讯飞智作、魔音工坊，音乐创作类的Suno AI、网易天音，音乐分离类的腾讯音乐·启明星，音频转文本类的通义大模型下的"音视频速读"功能，以及变声类的大饼AI变声等。本任务将使用讯飞智作将已有的短视频文案合成为短视频音频，具体操作如下。

操作视频

使用讯飞智作合成短视频音频

（1）打开"酸辣土豆丝.txt"素材文件（配套资源：\素材文件\项目八\酸辣土豆丝.txt），按【Ctrl+A】组合键全选文案，按【Ctrl+C】组合键复制文案。

（2）登录并进入讯飞智作首页（首次使用需要注册账号并登录），选择页面上方的"讯飞配音"选项，单击页面中的文本框定位插入点，按【Ctrl+V】组合键粘贴文案，如图8-11所示，然后单击上方的主播头像。

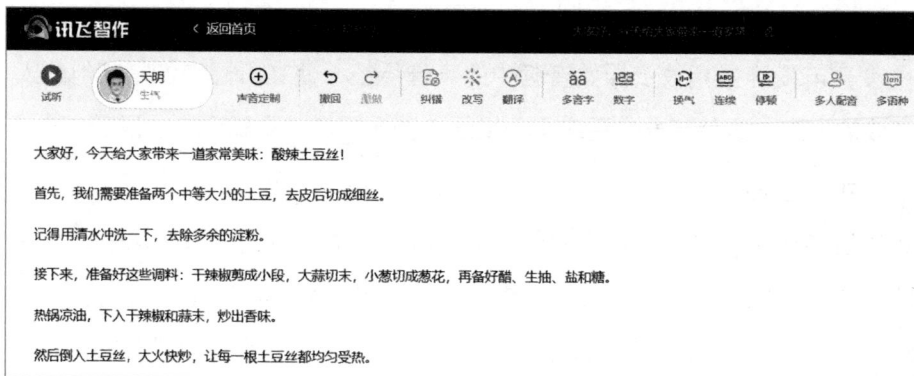

▲ 图8-11 粘贴文案

（3）在打开的对话框中选择合适的主播，并在对话框右侧设置所选主播的风格、语速、语调等参数，完成后单击 [使用] 按钮，如图8-12所示。

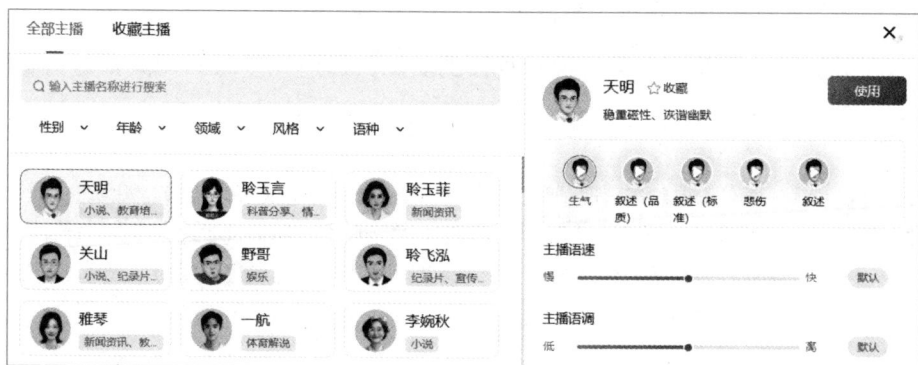

▲ 图8-12 选择并设置主播

（4）返回"讯飞配音"页面，单击右上角的 [生成音频] 按钮，打开"作品名称"对话框，设置作品的名称、格式，并设置是否同步生成srt字幕文件，这里在"名称"文本框中输入"酸辣土豆丝"，选中"格式"栏中的"mp3"单选项，然后单击 [确认] 按钮，如图8-13所示。

（5）在打开的对话框中设置支付方式，完成后单击 [立即支付] 按钮便可将生成的音频下载到计算机中，如图8-14所示。

▲ 图8-13 设置作品的名称和格式

▲ 图8-14 支付订单

利用讯飞智作合成音频时，如果有的地方读得太快，有的地方又读得太慢，是否有合适的方法进行处理？（提示：使用讯飞智作的现有功能进行处理。）

任务实施2 使用通义万相生成花海视频

常用的视频生成AIGC工具主要有Sora、可灵AI、通义万相等。本任务将在通义万相中以"图生视频"的方式生成一段向日葵花海的视频，具体操作如下。

操作视频

使用通义万相生成花海视频

（1）登录并进入通义万相首页，在左侧列表中选择"视频生成"选项，在打开的界面中单击"添加图片"按钮➕，如图8-15所示。

（2）打开"打开"对话框，选择"向日葵花海.jpg"素材图片（配套资源：\素材文件\项目八\向日葵花海.jpg），单击 打开(O) 按钮，如图8-16所示。

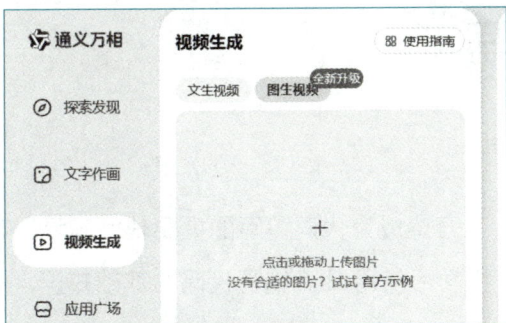

▲ 图8-15 单击"添加图片"按钮

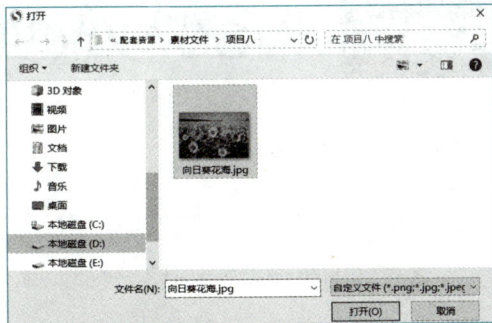

▲ 图8-16 选择图片

（3）打开"裁剪比例"对话框，设置"裁剪比例"为"16：9"，向下拖曳左侧的裁剪框，单击 完成 按钮，如图8-17所示。

（4）返回"视频生成"页面，在"创意描述（选填）"文本框中输入视频的生成要求，如图8-18所示，完成后单击 生成视频 按钮。

▲ 图8-17 裁剪图片

▲ 图8-18 输入视频生成要求

（5）等待一定的时间，当通义万相生成视频后便可预览效果，确认无误后单击右上方的"下载"按钮，在打开的对话框中设置视频的文件名和保存位置，如图8-19所示，最后单击 下载 按钮将生成的视频下载到计算机中（配套资源：\效果文件\项目八\花海.mp4）。

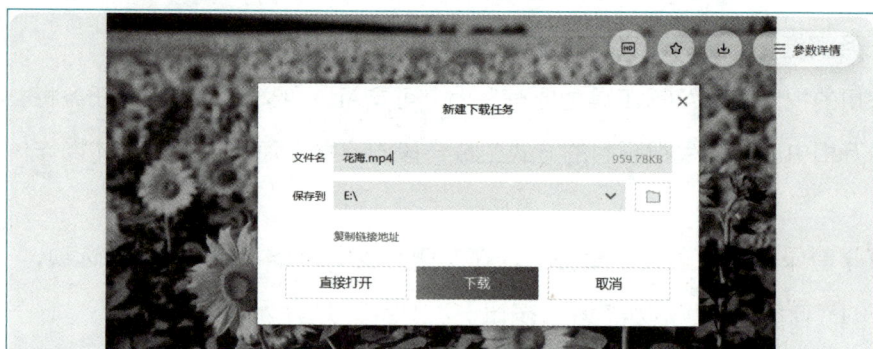

▲ 图8-19　下载视频

任务三　AIGC 与代码编写

任务描述

AIGC的出现对代码编写产生了深远影响，其有望成为代码编写的重要辅助工具，帮助开发者更加高效地编写和优化代码。本任务将学习使用AIGC编写代码的基础知识，然后使用讯飞星火编写一段简单的代码。

相关知识

一、AIGC在代码编写中的应用

对于代码编写来说，AIGC的应用主要体现在代码生成、代码优化、代码测试与调试等方面。

- 代码生成。AIGC可以根据输入的指令，自动生成相应的代码片段或完整程序。
- 代码优化。通过分析代码的结构和逻辑，AIGC可以对现有的代码进行优化，并提出重构代码、删除冗余代码等建议，提高代码的运行效率和可读性。
- 代码测试与调试。AIGC可以生成测试用例（可以简单理解为一个具体的测试场景或条件）和自动化测试脚本，帮助开发者发现代码中的潜在问题，并通过模拟不同的输入和场景，协助开发者进行更全面的测试。

二、AIGC在代码编写中的优势

AIGC在代码编写中的优势如下。

* 提高开发效率。AIGC可以自动生成代码，这不仅能缩短开发周期，还能减少人为输入代码产生的错误。

* 降低开发成本。通过自动化生成和代码优化功能，AIGC可以有效降低开发成本。

* 提升代码质量。AIGC可以对代码进行全面分析，提出优化建议，提升代码质量。

任务实施　使用讯飞星火编写代码

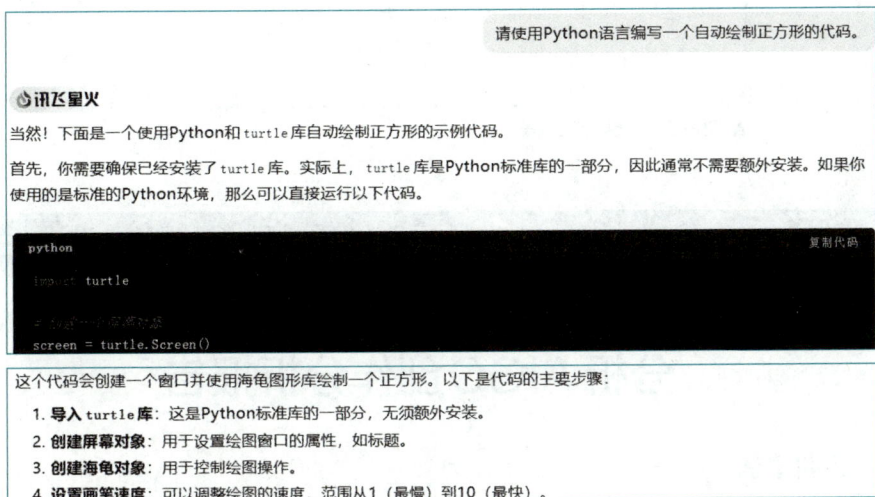

操作视频

具备文本生成功能的AIGC工具都能自动编写代码。本任务将利用讯飞星火编写一段自动绘制正方形的Python代码，然后在Python中运行代码查看效果，具体操作如下。

使用讯飞星火
编写代码

（1）登录"讯飞星火"官方网站，在文本框中输入需求"请使用Python语言编写一个自动绘制正方形的代码。"按【Enter】键提交需求，此时讯飞星火将生成带有黑色背景的代码内容，并在下方对代码进行解释，如图8-20所示。

请使用Python语言编写一个自动绘制正方形的代码。

讯飞星火

当然！下面是一个使用Python和 turtle 库自动绘制正方形的示例代码。

首先，你需要确保已经安装了 turtle 库。实际上，turtle 库是Python标准库的一部分，因此通常不需要额外安装。如果你使用的是标准的Python环境，那么可以直接运行以下代码。

复制代码

```python
import turtle

screen = turtle.Screen()
```

这个代码会创建一个窗口并使用海龟图形库绘制一个正方形。以下是代码的主要步骤：

1. **导入 turtle 库**：这是Python标准库的一部分，无须额外安装。
2. **创建屏幕对象**：用于设置绘图窗口的属性，如标题。
3. **创建海龟对象**：用于控制绘图操作。
4. **设置画笔速度**：可以调整绘图的速度，范围从1（最慢）到10（最快）。

▲ 图8-20　生成代码并进行解释

（2）拖曳鼠标选择黑色背景中的所有代码内容，按【Ctrl+C】组合键复制。

（3）新建名称为"自动绘制正方形"的文本文件，打开该文件，按【Ctrl+V】组合键粘贴代码，如图8-21所示，并按【Ctrl+S】组合键保存文件。

（4）启动"IDLE（Python 3.13 64-bit）"程序，在打开的窗口中选择【File】/【Open】菜单命令，打开"打开"对话框，选择"自动绘制正方形.py"文件（配套资源：\素材文件\项目八\自动绘制正方形.py），如图8-22所示，单击 打开(O) 按钮。

187

▲ 图8-21　粘贴代码

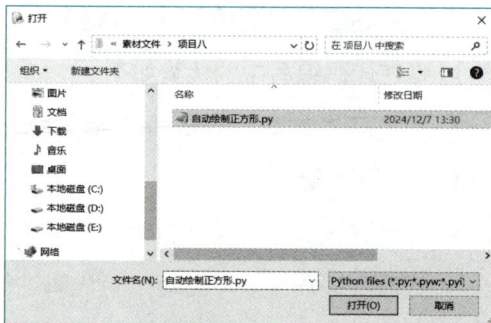

▲ 图8-22　选择代码文件

（5）选择【Run】/【Run Module】菜单命令或按【F5】键运行代码，此时将自动完成正方形的绘制操作，效果如图8-23所示。

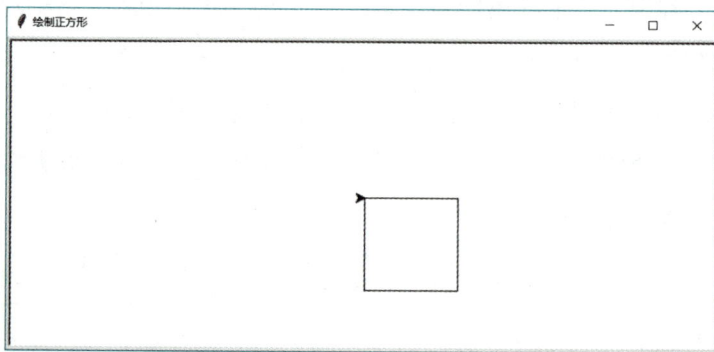

▲ 图8-23　代码运行效果

项目实训

分析AIGC创作分析报告

1. 实训背景

随着人工智能技术的飞速发展，AIGC兴起并取得蓬勃发展，内容创作领域正经历着前所未有的变革。AIGC综合运用自然语言处理、计算机视觉和深度学习算法等技术，使得机器能够生成高质量的文本、图像、音频和视频内容，极大地拓宽了内容创作的边界。某学生充分利用AIGC工具制作了一张"校园歌手大赛"动态海报，并将其发布在校园网中。该学生针对此动态海报撰写了创作分析报告。

2. 实训目标

（1）明确使用AIGC工具创作作品的基本思路。

（2）掌握使用AIGC工具创作作品的方法。

3. 案例与分析

创作分析报告：利用AIGC工具创作"校园歌手大赛"动态海报

一、引言

在本次创作中，我充分利用AIGC工具，创作了一张富有创意和动感的"校园歌手大赛"动态海报，如图8-24所示。本报告旨在详细阐述我的创作过程、设计思路以及使用AIGC工具的具体情况。

▲ 图8-24 "校园歌手大赛"动态海报

二、创作背景与目的

随着校园文化的日益丰富，"校园歌手大赛"已成为同学们展示才艺、交流情感的重要平台。为了吸引更多同学参与并关注此次活动，我决定利用AIGC工具创作一张动态海报，以新颖、直观的方式展现"校园歌手大赛"的魅力。

三、创作过程与设计思路

1．主题构思

首先，我明确了海报的主题——"校园歌手大赛"，并围绕这一主题展开构思。为体现活动的青春和活力特质，我决定采用色彩鲜艳、画面生动的风格，同时融入音乐、舞台等元素，以营造浓厚的音乐氛围。

2．文字描述与图片生成

利用AIGC工具的文生图功能，我首先撰写了一段详细的文字描述，包括海报的背景、主要元素（如歌手、舞台、观众、灯光等）、色彩搭配以及整体风格。然后，我将这些描述提供给AIGC工具，生成了初步的图片素材。在生成过程中，我不断调整文字描述，直到生成的图片符合我的期望。

3. 图片优化与视频生成

得到图片初稿后，我使用AIGC工具的编辑功能对图片进行优化，包括调整色彩、裁剪画面、添加细节等。

最后，我利用AIGC工具的图生视频功能，将优化后的图片转化为视频。在视频生成的文字描述中，我着重强调画面的流畅性和连贯性，确保每个元素都能自然地体现动态效果，如荧光棒轻微摇动、灯光闪烁、烟花绽放、歌手高歌等。

四、创作成果与反思

经过一系列的努力和实践，我成功创作出一张富有创意和动感的"校园歌手大赛"动态海报。这张海报不仅展现了活动的主题和氛围，还通过独特的动态设计吸引了更多同学的关注和参与。

在创作过程中，我深刻体会到AIGC的强大功能和便捷。然而，我也意识到还有一些地方需要改进，如文字描述的准确性、图片优化的细节等。在未来的创作中，我将更加注重这些方面的提升，以创作出更加优秀的作品。

请根据上述案例，分析并回答以下问题。

（1）利用AIGC工具创作动态海报的基本思路是什么？

_____

_____

_____

（2）如果要使用AIGC工具创作一张动态海报，你会如何创作？

_____

_____

_____

🔭 **前沿拓展**

AIGC发展的强大引擎——预训练模型

预训练模型作为AIGC的核心技术之一，是指在大规模数据集上进行初步训练的模型。这一过程通常在没有明确标签的情况下进行，称为无监督预训练。通过这种方式，模型能够学习到数据中的基本特征和模式，为后续在特定任务上的微调和优化打下坚实的基础。

预训练模型的优势在于强大的知识迁移能力。通过从大规模数据集中学习一般的特征和表征，预训练模型可以轻松地将这些知识应用到不同的领域和任务中。这不仅提升了模型的性能，还大大减少了训练所需的计算资源，使得训练大规模模型成为可能。

在 AIGC 领域，预训练模型的应用尤为广泛。以千帆大模型平台为例，该平台充分利用预训练技术，为用户提供高效、便捷的 AIGC 解决方案。用户可以利用该平台实现文本生成、图像生成以及多模态内容生成等，极大地丰富了 AIGC 的应用场景和创作方式。

由于预训练模型具有强大的迁移学习能力，因此它可以适应不同领域和任务的需求。这意味着 AIGC 可以在新闻报道、电影剧本创作、音乐制作、营销广告、艺术和设计、教育、游戏、医疗、电子商务和法律服务等领域发挥重要作用。

思考练习

1. 单项选择题

（1）（   ）不属于 AIGC 文本生成的常用技巧。

    A. 改写   B. 润色

    C. 扩写   D. 剪辑

（2）在使用 AIGC 工具生成图片时，"咒语"中的（   ）是画面中的主要元素。

    A. 主体   B. 风格类型

    C. 指令参数   D. 细节描述

（3）（   ）主要用于音频创作中的语音合成。

    A. Midjourney   B. 讯飞智作

    C. DALL-E   D. 通义万相

（4）AIGC 在代码编写中的主要优势不包括（   ）。

    A. 提高开发效率   B. 增加开发成本

    C. 降低开发成本   D. 提升代码质量

2. 简答题

（1）简述AIGC文本生成的常用技巧。

（2）在图片生成中，"咒语"是指什么，并解释其组成部分。

（3）使用AIGC工具创作音频时，有哪些常见的形式？

（4）AIGC在代码编写中的应用主要有哪些？